U0394429

Photoshop CS6

实战 从入门到精通

龙马工作室 编著

超值版

人民邮电出版社

北　京

图书在版编目（CIP）数据

Photoshop CS6实战从入门到精通：超值版 / 龙马
工作室编著. -- 北京：人民邮电出版社，2014.6（2023.7重印）
ISBN 978-7-115-35249-1

Ⅰ. ①P… Ⅱ. ①龙… Ⅲ. ①图象处理软件 Ⅳ.
①TP391.41

中国版本图书馆CIP数据核字(2014)第068391号

内 容 提 要

本书通过精选案例引导读者深入学习，系统地介绍了 Photoshop CS6 的相关知识和应用方法。

全书共 17 章。第 1～5 章主要介绍 Photoshop CS6 的基本操作，包括入门知识、图像的简单编辑、图像选区、绘制图像、调整与修饰图像等；第 6～11 章主要介绍 Photoshop CS6 工具的应用，包括图层的应用、蒙版与通道的应用、路径与矢量工具、文字特效制作、滤镜的使用和 3D 成像技术等；第 12～15 章主要介绍 Photoshop CS6 设计案例，包括 Photoshop CS6 在照片处理中的应用、在艺术设计中的应用、在网页设计中的应用及在动画设计中的应用等；第 16～17 章主要介绍 Photoshop CS6 的高级应用，包括使用 Photoshop 命令与动作自动处理图像、让你的 Photoshop 更强大等。

在本书附赠的 DVD 多媒体教学光盘中，包含了 20 小时与图书内容同步的教学录像及所有案例的配套素材和结果文件。此外，还赠送了大量相关学习内容的教学录像、精选 CorelDRAW 职业案例设计源文件及扩展学习电子书等。为了满足读者在手机和平板电脑上学习的需要，光盘中还赠送了本书教学录像的手机版视频学习文件。

本书不仅适合 Photoshop CS6 的初、中级用户学习使用，也可以作为各类院校相关专业学生和电脑培训班学员的教材或辅导用书。

◆ 编　著　龙马工作室
　　责任编辑　张　翼
　　责任印制　杨林杰

◆ 人民邮电出版社出版发行　　北京市丰台区成寿寺路 11 号
　　邮编　100164　电子邮件　315@ptpress.com.cn
　　网址　http://www.ptpress.com.cn
　　北京七彩京通数码快印有限公司印刷

◆ 开本：787×1092　1/16
　　印张：20　　　　　　　　2014 年 6 月第 1 版
　　字数：512 千字　　　　　2023 年 7 月北京第 42 次印刷

定价：39.80 元（附光盘）

读者服务热线：(010)81055410　印装质量热线：(010)81055316
反盗版热线：(010)81055315
广告经营许可证：京东市监广登字20170147号

　　随着社会信息化的不断普及，计算机已经成为人们工作、学习和日常生活中不可或缺的工具，而计算机的操作水平也成为衡量一个人综合素质的重要标准之一。为满足广大读者的实际应用需要，我们针对不同学习对象的接受能力，总结了多位计算机高手、国家重点学科教授及计算机教育专家的经验，精心编写了这套"实战从入门到精通"系列图书。本套图书面市后深受读者喜爱，为此，我们特别推出了畅销书《Photoshop CS6 实战从入门到精通》的单色超值版，以便满足更多读者的学习需求。

一、系列图书主要内容

　　本套图书涉及读者在日常工作和学习中各个常见的计算机应用领域，在介绍软硬件的基础知识及具体操作时，均以读者经常使用的版本为主，在必要的地方也兼顾了其他版本，以满足不同读者的需求。本套图书主要包括以下品种。

《跟我学电脑实战从入门到精通》	《Word 2003办公应用实战从入门到精通》
《电脑办公实战从入门到精通》	《Word 2010办公应用实战从入门到精通》
《笔记本电脑实战从入门到精通》	《Excel 2003办公应用实战从入门到精通》
《电脑组装与维护实战从入门到精通》	《Excel 2010办公应用实战从入门到精通》
《黑客攻击与防范实战从入门到精通》	《PowerPoint 2003办公应用实战从入门到精通》
《Windows 7实战从入门到精通》	《PowerPoint 2010办公应用实战从入门到精通》
《Windows 8实战从入门到精通》	《Office 2003办公应用实战从入门到精通》
《Photoshop CS5实战从入门到精通》	《Office 2010办公应用实战从入门到精通》
《Photoshop CS6实战从入门到精通》	《Word/Excel 2003办公应用实战从入门到精通》
《AutoCAD 2012实战从入门到精通》	《Word/Excel 2010办公应用实战从入门到精通》
《AutoCAD 2013实战从入门到精通》	《Word/Excel/PowerPoint 2003三合一办公应用实战从入门到精通》
《CSS 3+DIV网页样式布局实战从入门到精通》	《Word/Excel/PowerPoint 2007三合一办公应用实战从入门到精通》
《HTML 5网页设计与制作实战从入门到精通》	《Word/Excel/PowerPoint 2010三合一办公应用实战从入门到精通》

二、写作特色

📄 从零开始，循序渐进

　　无论读者是否从事计算机相关行业的工作，是否接触过Photoshop CS6，都能从本书中找到最佳的学习起点，循序渐进地完成学习过程。

📄 紧贴实际，案例教学

　　全书内容均以实例为主线，在此基础上适当扩展知识点，真正实现学以致用。

📄 紧凑排版，图文并茂

　　紧凑排版既美观大方又能够突出重点、难点。所有实例的每一步操作，均配有对应的插图和注释，以便读者在学习过程中能够直观、清晰地看到操作过程和效果，提高学习效率。

📄 单双混排，超大容量

　　本书采用单、双栏混排的形式，大大扩充了信息容量，在300多页的篇幅中容纳了传统图书600多页的内容，从而在有限的篇幅中为读者奉送了更多的知识和实战案例。

📄 独家秘技，扩展学习

　　本书在每章的最后，以"高手私房菜"的形式为读者提炼了各种高级操作技巧，而"举一反三"栏目更是为知识点的扩展应用提供了思路。

📄 书盘结合，互动教学

本书配套的多媒体教学光盘内容与书中知识紧密结合并互相补充。在多媒体光盘中，我们仿真工作、生活中的真实场景，通过互动教学帮助读者体验实际应用环境，从而全面理解知识点的运用方法。

三、光盘特点

◎ 20小时全程同步视频教学录像

光盘涵盖本书所有知识点的同步教学录像，详细讲解每个实战案例的操作过程及关键步骤，帮助读者更轻松地掌握书中所有的知识内容和操作技巧。

◎ 超多、超值资源

除了与图书内容同步的视频教学录像外，光盘中还赠送了大量相关学习内容的教学录像、精选CorelDRAW职业案例设计源文件及辅助学习电子书等，以方便读者扩展学习。为了满足读者在手机和平板电脑上学习的需要，光盘中还赠送了本书教学录像的手机版视频学习文件。

◎ 手机版视频教学录像

将手机版视频教学录像复制到手机后，即可在手机上随时随地跟着教学录像进行学习。

四、配套光盘运行方法

Windows XP操作系统

〔1〕 将光盘放入光驱中，几秒钟后光盘就会自动运行。

〔2〕 若光盘没有自动运行，可以双击桌面上的【我的电脑】图标📺，打开【我的电脑】窗口，然后双击【光盘】图标💿，或者在【光盘】图标💿上单击鼠标右键，在弹出的快捷菜单中选择【自动播放】选项，光盘就会运行。

Windows 7操作系统

〔1〕 将光盘放入光驱中，几秒钟后系统会弹出【自动播放】对话框，如左下图所示。

〔2〕 单击【打开文件夹以查看文件】链接以打开光盘文件夹，用鼠标右键单击光盘文件夹中的MyBook.exe文件，并在弹出的快捷菜单中选择【以管理员身份运行】菜单项，打开【用户账户控制】对话框，如右下图所示，单击【是】按钮，光盘即可自动播放。

〔3〕 再次使用本光盘时，将光盘放入光驱后，双击光驱盘符或单击系统弹出的【自动播放】对话框中的【运行MyBook.exe】链接，即可运行光盘。

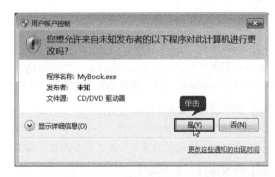

五、光盘使用说明

1. 在电脑上学习光盘内容的方法

〔1〕 光盘运行后会首先播放片头动画，之后进入光盘的主界面。其中包括【课堂再现】、【学习笔记】、【手机版】三个学习通道，和【素材文件】、【结果文件】、【赠送资源】、【帮助文件】、【退出光盘】五个功能按钮。

〔2〕 单击【课堂再现】按钮，进入多媒体同步教学录像界面。在左侧的章号按钮（如此处为 第10章 ）上单击鼠标左键，在弹出的快捷菜单上单击要播放的节名，即可开始播放相应的教学录像。

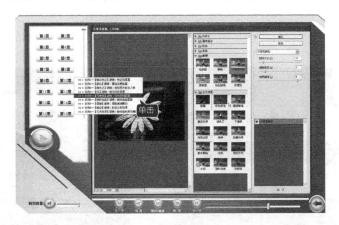

〔3〕 单击【学习笔记】按钮，可以查看本书的学习笔记。

〔4〕 单击【手机版】按钮，可以查看手机版视频教学录像。

〔5〕 单击【素材文件】、【结果文件】、【赠送资源】按钮，可以查看对应的文件和资源。

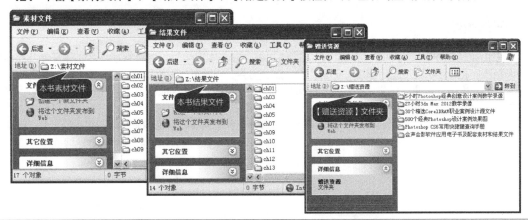

（6） 单击【帮助文件】按钮，可以打开"光盘使用说明.pdf"文档，该说明文档详细介绍了光盘在电脑上的运行环境、运行方法，以及在手机上如何学习光盘内容等。

（7） 单击【退出光盘】按钮，即可退出本光盘系统。

2. 在手机上学习光盘内容的方法

（1） 将安卓手机连接到电脑上，把光盘中赠送的手机版视频教学录像复制到手机上，即可利用已安装的视频播放软件学习本书的内容。

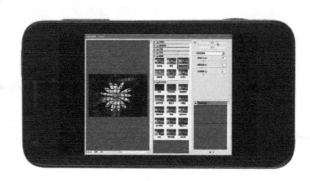

（2） 将iPhone/iPad连接到电脑上，通过iTunes将随书光盘中的手机版视频教学录像导入设备中，即可在iPhone/iPad上学习本书的内容。

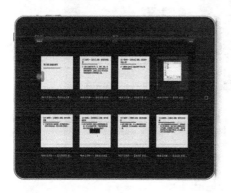
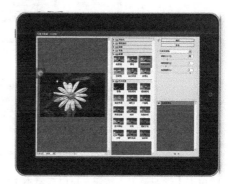

（3） 如果读者使用的是其他类型的手机，可以直接将光盘中的手机版视频教学录像复制到手机上，然后使用手机自带的视频播放器观看视频。

六、创作团队

本书由龙马工作室策划编著，乔娜、赵源源任主编，参与本书编写、资料整理、多媒体开发及程序调试的人员还有孔长征、孔万里、李震、王果、陈小杰、胡芬、刘增杰、王金林、彭超、李东颖、侯长宏、刘稳、左琨、邓艳丽、康曼、任芳、王杰鹏、崔姝怡、侯蕾、左花苹、刘锦源、普宁、王常吉、师鸣若、钟宏伟、陈川、刘子威、徐永俊、朱涛和张允等。

在本书的编写过程中，我们竭尽所能地将最好的内容呈现给读者，但也难免有疏漏和不妥之处，敬请广大读者不吝指正。读者在学习过程中有任何疑问或建议，可发送电子邮件至zhangyi@ptpress.com.cn。

编者

目录 Contents

第1章 Photoshop CS6 快速入门

📽 本章视频教学时间：52分钟

工欲善其事，必先利其器。对Photoshop CS6有一个全面的认识，是学习Photoshop CS6处理图像的前提。

1.1 Photoshop CS6的行业分析 002

1.2 实例1——安装Photoshop CS6 004

    1.2.1 安装Photoshop CS6的软硬件要求 004

    1.2.2 安装Photoshop CS6 004

1.3 实例2——启动与退出Photoshop CS6 006

    1.3.1 启动Photoshop CS6 006

    1.3.2 退出Photoshop CS6 006

1.4 实例3——体验Photoshop CS6的新增功能 007

    1.4.1 全新的界面设计 007

    1.4.2 内容感知移动工具 008

    1.4.3 模糊滤镜 008

    1.4.4 新增自动保存和图层搜索功能 011

    1.4.5 一键美图功能 012

    1.4.6 全新的裁剪工具 013

    1.4.7 透视裁剪工具 013

    1.4.8 镜头矫正 014

    1.4.9 视频处理功能 015

    1.4.10 迷你管理器 016

    1.4.11 全新的 Adobe Mercury 图形引擎 016

    1.4.12 灵活的画笔调整 017

    1.4.13 矢量图形样式 017

    1.4.14 Camera Raw增效工具 017

    1.4.15 肤色选择功能 018

    1.4.16 新增3D文字特效工具 018

1.5 认识Photoshop CS6的工作界面 019

    1.5.1 认识菜单栏 019

    1.5.2 认识工具箱 019

    1.5.3 认识图像窗口 020

    1.5.4 认识面板 020

1.5.5 认识属性栏 021

1.5.6 认识状态栏 021

1.6 实例4——制作简单的图形 022

高手私房菜 **023**

第2章 图像的简单编辑

本章视频教学时间：50分钟

掌握图像的基本操作，如查看图像、应用辅助工具、调整图像和设置图像属性等，是成为 Photoshop高手的第一步。

2.1 实例1——图像文件的基本操作 026

2.1.1 新建文件 026

2.1.2 打开文件 027

2.1.3 保存文件 027

2.1.4 置入文件 028

2.1.5 关闭文件 029

2.1.6 打印图像文件 029

2.2 实例2——查看图像 031

2.2.1 Photoshop CS6支持的图像格式 031

2.2.2 使用导航器查看图像 031

2.2.3 使用缩放工具查看图像 031

2.2.4 使用【抓手工具】查看图像 032

2.2.5 画布旋转查看图像 032

2.3 实例3——应用辅助工具 033

2.3.1 使用标尺定位图像 033

2.3.2 网格的使用 034

2.3.3 使用参考线准确编辑图像 035

2.4 实例4——调整图像 035

2.4.1 了解像素与分辨率 036

2.4.2 调整图像的大小 036

2.4.3 调整画布的大小 037

2.4.4 调整图像的方向 038

2.4.5 裁剪图像 039

2.4.6 图像的变换与变形 041

高手私房菜 **042**

第3章 图像选区

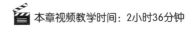
本章视频教学时间：2小时36分钟

创建选区是为了对选定区域进行修改而不影响其他区域。因此掌握选区的基本操作、选取工具的使用以及编辑选区就显得尤为重要。

3.1 认识选区 044

3.2 实例1——选区的基本操作 044

3.2.1 快速选择选区与反选选区 044

3.2.2 取消选择和重新选择 044

3.2.3 添加选区与减去选区 045

3.2.4 羽化选区 045

3.2.5 精确选择选区与移动选区 046

3.2.6 隐藏或显示选区 047

3.3 实例2——选区的编辑 047

3.3.1 选区图像的变换 047

3.3.2 存储和载入选区 049

3.3.3 描边选区 049

3.3.4 羽化选区边缘 050

3.3.5 扩大选取与选取相似 050

3.4 实例3——创建选区的工具、命令 051

3.4.1 选框工具 052

3.4.2 钢笔工具 053

3.4.3 磁性套索工具和魔棒工具 054

3.4.4 蒙版工具 055

3.4.5 【抽出】滤镜命令 055

3.4.6 快速选择工具和调整边缘 056

3.4.7 【色彩范围】命令 056

3.4.8 通道工具 057

3.5 实例4——矩形选框工具和椭圆选框工具 057

3.5.1 用【矩形选框工具】选择照片 058

3.5.2 椭圆选框工具 058

3.5.3 用【椭圆选框工具】设计光盘封面 059

3.5.4 综合运用选择工具设计时钟 061

3.6 实例5——套索选择工具 067

3.6.1 用【套索工具】选择选区 067

3.6.2 用【多边形套索工具】选择选区 068

3.6.3 用【磁性套索工具】选择选区 068

3.7 实例6——魔棒工具与快速选择工具 069

3.7.1 用【魔棒工具】选择选区 069

3.7.2 用【快速选择工具】选择选区 071

3.8 实例7——【调整边缘】命令 072

3.8.1 使用【调整边缘】命令抠毛发 072

3.8.2 【调整边缘】命令输出方式 073

3.9 实例8——抠图实例 075

3.9.1 发丝抠图 075

3.9.2 婚纱抠图 077

高手私房菜 **079**

第 4 章 绘制图像

本章视频教学时间：1小时15分钟

不使用网络中提供的素材，而是通过Photoshop CS6来绘制图像，才能够制作出与众不同、独具风格的图像。

4.1 图像的类型 082

4.1.1 位图 082

4.1.2 矢量图 082

4.2 实例1——使用【画笔工具】绘制梦幻背景 082

4.3 实例2——使用【铅笔工具】绘制QQ表情 086

4.4 实例3——使用【历史记录艺术画笔工具】创建粉笔画效果 088

4.5 实例4——使用形状工具绘制中秋红灯笼 089

4.6 实例5——使用色彩进行创作 092

4.6.1 设置前景色和背景色 092

4.6.2 使用拾色器设置颜色 092

4.6.3 使用【颜色】面板 093

4.6.4 使用【色板】面板 094

4.6.5 使用【吸管工具】 095

4.6.6 使用【渐变工具】 095

高手私房菜 **096**

第 5 章 调整与修饰图像

 本章视频教学时间：1小时23分钟

Photoshop CS6的一项重要功能就是对图像进行调整和修饰。因此，只有掌握各种调整与修饰图像工具的使用方法，才能表明已经进入熟悉Photoshop的行列。

5.1 了解图像的颜色模式 098

    5.1.1 RGB颜色模式 098

    5.1.2 CMYK颜色模式 099

    5.1.3 灰度模式 100

    5.1.4 位图模式 101

    5.1.5 双色调模式 102

    5.1.6 索引颜色模式 103

    5.1.7 Lab颜色模式 103

5.2 实例1——【亮度/对比度】：调整照片的亮度 104

5.3 实例2——【色阶】命令：色彩动漫 104

5.4 实例3——【曲线】命令：娇艳欲滴的玫瑰 106

5.5 实例4——【色彩平衡】命令：简单韩风写真 108

5.6 实例5——【色相/饱和度】命令：创意插图 109

5.7 实例6——【污点修复画笔工具】：修复老照片 109

5.8 实例7——【修复画笔工具】：去除衣服上的污点 110

5.9 实例8——【修补工具】：为美女祛斑 111

5.10 实例9——【红眼工具】：去除照片中人物的红眼 113

5.11 实例10——【仿制图章工具】：活力金鱼 113

5.12 实例11——【模糊工具】：缥缈的烟雾 114

5.13 实例12——【锐化工具】：翠绿的叶子 115

5.14 实例13——【涂抹工具】：逼真火焰 115

5.15 实例14——减淡和加深工具：清新摆件 118

5.16 实例15——【海绵工具】：制作黑白照片 119

高手私房菜 **120**

第6章 图层的应用

本章视频教学时间：52分钟

图层就像玻璃纸，每张玻璃纸上有一部分图像，将这些玻璃纸重叠起来，就构成了一幅完整的图像。修改一个图层上的图像并不会影响到其他图层的图像。

6.1 认识图层 122

　　6.1.1 图层特性 122

　　6.1.2 图层的分类 122

6.2 实例1——创建图层 126

6.3 实例2——隐藏与显示图层 126

6.4 实例3——对齐与合并图层 127

　　6.4.1 对齐图层 127

　　6.4.2 合并图层 128

6.5 实例4——设置不透明度和填充 129

6.6 实例5——设置【斜面和浮雕】样式 130

6.7 实例6——设置【外发光】样式 131

6.8 实例7——设置【描边）样式 132

6.9 实例8——图层混合模式的应用 133

高手私房菜 **134**

第7章 蒙版与通道的应用

本章视频教学时间：1小时17分钟

通道是图像的重要组成部分，记录了图像的大部分信息，利用通道可以创建发丝一样精细的选区。蒙版就好比蒙在图像上面的一块板，保护某一部分不被操作，从而使用户更精准地抠图，得到更真实的边缘和融合效果。

7.1 实例1——【应用图像】命令：校正偏红图片 136

7.2 实例2——剪贴蒙版：玫瑰花图像 137

7.3 实例3——快速蒙版：简易边框 138

7.4 案例4——图层蒙版：水中倒影 139

7.5 实例5——矢量蒙版：雅致生活 141

7.6 实例6——复合通道：制作雪景效果 141

7.7 实例7——颜色通道：抠出文字Logo 143

7.8 实例8——专色通道：制作人物剪影 144

7.9 实例9——Alpha通道：制作金属字效果 145

7.10 实例10——计算：制作灰色图像效果 148

高手私房菜 **150**

第 8 章 路径与矢量工具

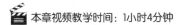

本章视频教学时间：1小时4分钟

矢量图无论怎么放大都不会模糊，在实际生活中的用途非常广泛。本章主要介绍了如何使用【路径】面板和矢量工具，并以简单的实例进行了详细演示。

8.1 实例1——使用【路径】面板 152

　8.1.1 选择并显示路径 152

　8.1.2 保存工作路径 152

　8.1.3 创建新路径 152

　8.1.4 剪贴和删除路径 153

　8.1.5 填充路径 154

　8.1.6 描边路径 154

　8.1.7 路径与选区的转换 155

8.2 实例2——使用矢量工具 155

　8.2.1 矢量工具创建的内容 155

　8.2.2 了解路径 157

　8.2.3 了解锚点 158

　8.2.4 使用形状工具 158

　8.2.5 钢笔工具 162

高手私房菜 **163**

第 9 章 Photoshop CS6 文字特效制作

本章视频教学时间：1小时17分钟

文字是平面设计的重要组成部分，它不仅可以传递信息，还能够美化版面。立体文字、水晶文字、燃烧文字以及特效艺术文字等，这些都可以通过Photoshop来轻松实现。

9.1 实例1——创建文字效果 166

   9.1.1 创建文字和文字选区 166

   9.1.2 转换文字形式 169

   9.1.3 通过面板设置文字格式 169

   9.1.4 栅格化文字 170

   9.1.5 创建路径文字 171

9.2 实例2——制作立体文字 172

9.3 实例3——制作水晶文字 174

9.4 实例4——制作燃烧的文字 175

9.5 实例5——制作特效艺术文字 178

高手私房菜 **182**

第 10 章 滤镜的使用

本章视频教学时间：41分钟

将普通的图像转瞬变为非凡的视觉作品，这就是滤镜的功能。

10.1 实例1——【镜头校正】滤镜：校正风景画 184

10.2 实例2——【液化】滤镜：塑造完美脸形 184

10.3 实例3——【消失点】滤镜：去除照片中多余的人物 186

10.4 实例4——【风】滤镜：制作风吹效果 187

10.5 实例5——【马赛克拼贴】滤镜：制作拼贴图像 188

10.6 实例6——【旋转扭曲】滤镜：制作扭曲图案 189

10.7 实例7——【模糊】滤镜：模拟高速跟拍效果 189

10.8 实例8——【渲染】滤镜：制作云彩效果 191

10.9 实例9——【艺术效果】滤镜：制作蓝色特效魔圈 193

高手私房菜 **194**

第11章 3D图像技术

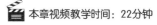 本章视频教学时间：22分钟

使用Photoshop CS6的3D技术成像可以对图像进行3D处理，使平面图像更具立体感。

11.1 实例1——3D对象变换 196

11.2 实例2——移动、旋转与缩放 199

11.3 实例3——设置材质：足球模型 201

11.4 实例4——创建3D形状 203

    11.4.1 创建3D明信片 204

    11.4.2 创建锥形 204

    11.4.3 创建立方体 205

    11.4.4 创建圆柱体 205

    11.4.5 创建圆环 206

    11.4.6 创建球体 206

    11.4.7 创建3D网格 206

高手私房菜 **208**

第12章 Photoshop CS6 在照片处理中的应用

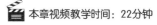 本章视频教学时间：48分钟

数码相机照出来的普通照片经过Photoshop进行各种处理和修饰后，将会获得意想不到的效果。

12.1 实例1——人物照片处理 210

12.2 实例2——风景照片处理 211

12.3 实例3——婚纱照片处理 212

12.4 实例4——写真照片处理 214

12.5 实例5——中老年照片处理 215

12.6 实例6——儿童照片处理 217

12.7 实例7——漫画娱乐类照片处理 218

高手私房菜 **220**

第 13 章 Photoshop CS6 在艺术设计中的应用

📹 本章视频教学时间：55分钟

利用Photoshop可以实现梦想中的艺术创意。

13.1 实例1——房地产广告设计 222
13.2 实例2——产品包装设计 226
13.3 实例3——商业插图设计 232

高手私房菜 **236**

第 14 章 Photoshop CS6 在网页设计中的应用

📹 本章视频教学时间：1小时8分钟

Photoshop作为网页三剑客之一，有着独特的魅力，其强大的图片处理能力可以帮助用户轻松完成网页设计。

14.1 实例1——汽车网页设计 238
14.2 实例2——房地产网页设计 247

高手私房菜 **255**

第 15 章 Photoshop CS6 在动画设计中的应用

📹 本章视频教学时间：43分钟

使用Photoshop不仅可以处理图像，还可以进行简单的动画设计，让静态的图片动起来。

15.1 实例1——制作会眨眼的米老鼠 258
15.2 实例2——制作闪字效果 259
15.3 实例3——制作数字雨动画效果 262
15.4 实例4——网页常用动画设计 264

高手私房菜 **268**

第 16 章 使用 Photoshop 命令与动作自动处理图像

📽 本章视频教学时间：52分钟

在Photoshop中，可以将各种功能录制为动作，以便重复使用。另外，Photoshop还提供了各种自动处理图像的命令，令你的工作不再重复。

16.1 实例1——使用动作快速应用效果 270
   16.1.1 认识【动作】面板 270
   16.1.2 应用预设动作 271
   16.1.3 创建动作 278
   16.1.4 编辑自定义动作 280
   16.1.5 运动动作 282
   16.1.6 存储与载入动作 282
16.2 实例2——使用自动化命令处理图像 283
   16.2.1 批处理 283
   16.2.2 创建快捷批处理 287
   16.2.3 裁剪并修齐照片 287
   16.2.4 Photomerge 288
   16.2.5 合并到HDR Pro 290
   16.2.6 镜头校正 291
   16.2.7 条件模式更改 292
   16.2.8 限制图像 293
16.3 实例3——自动校正数码照片 293

高手私房菜 **294**

第 17 章 让你的 Photoshop 更强大

📽 本章视频教学时间：17分钟

除了使用Photoshop自带的滤镜、笔刷、纹理和动作外，用户还可以使用其他外挂来实现更多、更精彩的效果，让Photoshop的功能更强大。

17.1 实例1——使用外挂滤镜 296

17.2 实例2——使用笔刷 299

17.3 实例3——使用纹理 300

17.4 实例4——使用动作 301

高手私房菜 **302**

DVD 光盘赠送资源

1. 20小时全程同步教学录像

2. 27小时3ds Max 2012教学录像

3. 5小时Photoshop经典创意设计案例教学录像

4. 500个经典Photoshop设计案例效果图

5. 30个精选CorelDRAW职业案例设计源文件

6. 会声会影软件应用电子书及配套素材和结果文件

7. Photoshop CS6常用快捷键查询手册

8. 本书所有案例的配套素材和结果文件

第 1 章

Photoshop CS6 快速入门

本章视频教学时间: 52 分钟

Photoshop CS6是一款专业的图形图像处理软件, 是优秀设计师的必备工具之一。Photoshop不仅为图形图像设计提供了一个更加广阔的发展空间, 而且在图像处理中还有化腐朽为神奇的功能。

【学习目标】

通过本章的学习, 读者可以初步了解 Photoshop CS6 的新增功能及工作界面。

【本章涉及知识点】

Photoshop CS6 的行业分析

安装 Photoshop CS6

了解 Photoshop CS6 的新增功能

认识 Photoshop CS6 的工作界面

1.1 Photoshop CS6的行业分析

 本节视频教学时间：4分钟

Photoshop作为专业的图形图像处理软件，是许多从事平面设计工作人员的必备工具，被广泛地应用于广告公司、制版公司、输出中心、印刷厂、图形图像处理公司、婚纱影楼以及网页设计类行业等。

Photoshop CS6为我们的设计提供了一个更加广阔的发展空间。例如下图所示的房地产广告设计，通过Photoshop CS6将房子的实景和中国卷轴画巧妙地设计在同一个画面中，使其更好地体现了楼盘环境的优美，自然而清新。

Photoshop CS6为平面设计、三维动画设计、影视广告设计和网页设计等行业的从业人员都设置了相应的工具和功能，结合相应的专业知识就可以创造出无与伦比的影像世界。企业宣传画册示例如下图所示。

　　Photoshop里面的滤镜功能也是很强大的，在实际的设计过程中，无论是三维设计、网页制作还是广告印刷，无缝贴图的用途显然是越来越广。有些滤镜是专门用来设计贴图的，不过使用起来不太方便。制作一幅贴图时，总会有些具体的考虑，尤其当用来制作贴图的原材料不能完全具备贴图条件时，很可能使人束手无策。

　　实际上，无缝贴图的原理和制作并不困难。因为接缝在边上不好处理，就用【滤镜】▶【其他】▶【位移】菜单命令将边移到图中间，剩下的就是把接缝的痕迹抹掉，并且各个矩形小图像之间没有接缝的痕迹，小图像之间也完全吻合。这种无缝拼接图像在日常生活中很常见，如地面上铺的地板革，以及墙纸、花纹布料和礼品包装纸等，下图所示都是无缝贴图效果。

　　使用Photoshop里面的滤镜还可以模仿制作出各种天然的材质效果，在设计中可以很方便地解决找不到材质的问题。玻璃、大理石和金属材质的效果如下图所示。

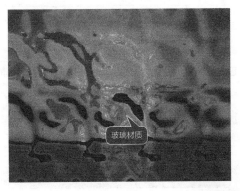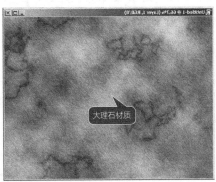

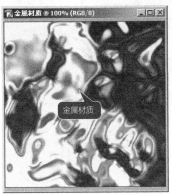

1.2 实例1——安装Photoshop CS6

本节视频教学时间：4分钟

在使用Photoshop CS6之前首先要安装Photoshop CS6软件。下面介绍在Windows XP系统中安装与卸载Photoshop CS6的方法。

1.2.1 安装Photoshop CS6的软硬件要求

在Microsoft Windows XP系统中运行Photoshop CS6的配置要求如下。

硬件	最终配置
CPU	1.8 GHz 或更快的处理器
内存	512 MB 内存（推荐 1GB 或更大的内存）
硬盘	安装所需的 1GB 可用硬盘空间，安装过程中需要更多的可用空间（无法在基于闪存的存储设备上安装）
操作系统	带 Service Pack 3 的 Microsoft Windows XP（推荐 Service Pack 3）或带 Service Pack 1 的 Windows Vista Home Premium、Business、Ultimate 或 Enterprise 版（经认证可用于 32 位 Windows XP 及 32 位和 64 位 Windows Vista）、Windows 7/8
显示器	1024×768 的显示器分辨率（推荐 1280×800），16 位或更高的显卡
驱动器	DVD–ROM 驱动器

1.2.2 安装Photoshop CS6

Photoshop CS6是专业的设计软件，其安装方法比较简单，具体的安装步骤如下。

1 弹出【Adobe安装程序】对话框

在光驱中放入安装光盘，双击安装文件图标 ，弹出【Adobe安装程序】对话框进行初始化。

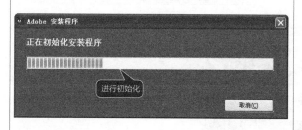

2 进入Adobe Photoshop CS6【欢迎】界面

初始化结束后，进入Adobe Photoshop CS6【欢迎】界面，在其中选择安装的类型，包括安装和试用。

3 单击【安装】按钮

单击【安装】按钮，进入【Adobe软件许可协议】界面，在其中可以阅读相关的许可协议，单击【接受】按钮。

4 输入序列号

此时，打开【序列号】界面，在【提供序列号】下面的空白框内输入序列号，单击【下一步】按钮。

5 选择需要安装的Photoshop CS6组件

进入【选项】界面，选择需要安装的Photoshop CS6，用户还可以根据需要选择其他Photoshop CS6组件，单击【安装】按钮。

6 显示安装的进度

进入【安装】界面，提示用户正在安装程序，并显示安装的进度。

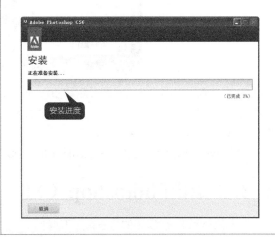

安装完成后，进入【安装完成】界面，单击【关闭】按钮，Photoshop CS6安装成功。

1.3 实例2——启动与退出Photoshop CS6

 本节视频教学时间：3分钟

掌握软件的启动与退出的正确方法是学习软件应用的必要条件。Photoshop CS6软件的启动方法与其他的软件相同，具体操作如下。

1.3.1 启动Photoshop CS6

启动Photoshop CS6的方法有如下3种。

(1) 从【开始】菜单启动Photoshop CS6。选择【开始】▶【程序】▶【Adobe Photoshop CS6】菜单命令，即可启动Photoshop CS6程序。

(2) 直接双击桌面快捷方式图标启动Photoshop CS6。安装Photoshop CS6时，安装向导会自动地在桌面上添加一个Photoshop CS6快捷方式图标 ，直接双击桌面上的Photoshop CS6快捷方式图标，即可启动Photoshop CS6。

(3) 在Windows资源管理器中双击Photoshop CS6的文档文件。

1.3.2 退出Photoshop CS6

退出Photoshop CS6的方法有如下4种。

(1) 通过【文件】菜单退出Photoshop CS6。选择Photoshop CS6菜单栏中的【文件】▶【退出】菜单命令。

(2) 通过标题栏退出Photoshop CS6。单击Photoshop CS6标题栏左侧的图标 ，在弹出的下拉菜单中选择【关闭】命令。

(3) 单击【关闭】按钮退出Photoshop CS6。单击Photoshop CS6界面右上角的【关闭】按钮，退出Photoshop CS6。此时若用户的文件没有保存，程序会弹出一个对话框提示用户是否保存；若用户的文件已经保存过，程序则会直接关闭。

(4) 利用快捷键退出Photoshop CS6。按【Alt+F4】组合键退出Photoshop CS6。此时若用户的文件没有保存，程序会弹出一个对话框提示用户是否保存。

1.4 实例3——体验Photoshop CS6的新增功能

本节视频教学时间：24分钟

在Photoshop CS6版本中，软件的界面与功能的结合更加趋于完美，各种命令与功能不仅得到了很好的扩展，还最大限度地为用户的操作提供了简捷、有效的途径。在Photoshop CS6中增加了轻松完成精确选择、内容感知型填充、操控变形等功能外，还添加了用于创建和编辑3D对象和基于动画的内容的突破性工具。这些新增功能能让用户使用起来更加得心应手。

1.4.1 全新的界面设计

Photoshop CS6采用经过完全重新设计的深色界面，据说能带来"更引人入胜的使用体验"。如果你更喜欢原来的浅灰色界面，也可以通过【编辑】▶【首选项】▶【界面】菜单命令，在打开的【首选项】对话框中进行设置。

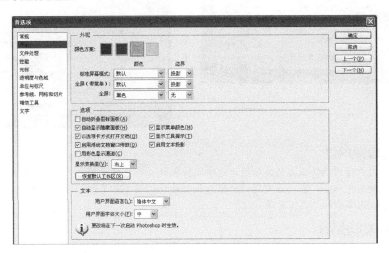

为了方便用户进行操作，Photoshop CS6用户还可以对工作场景的背景色进行调整，将鼠标指针移动到场景中单击鼠标右键，然后在弹出的快捷菜单中选择相应的命令即可。

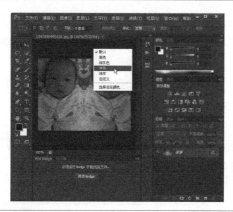

1.4.2 内容感知移动工具

【内容感知移动】是Photoshop CS6中的一个新工具，它能在用户整体移动图片中选中的某物体时智能填充物体原来的位置。

使用【内容感知移动】工具移动物体的具体操作步骤如下。

1 打开素材

打开随书光盘中的"素材\ch01\图01.jpg"文件。

2 单击【内容感知移动工具】

单击工具箱中的【内容感知移动工具】，然后选中图片中需要进行移动的内容。在【内容感知移动工具】的属性栏中将【模式】选为移动。接下来按住鼠标左键拖动到需要放的位置，释放鼠标后，用户可以看到图片中的内容被完美的移植到其他地方。

工作经验小贴士

如果用户使用选择工具勾出的物体边缘比较粗糙，将它移至新的位置时，软件会将物体边缘与周围环境羽化融合。测试后发现，内容感知移动功能还并不是那么好用。总需要反复调整，在图片背景较为复杂的情况下更是如此。

1.4.3 模糊滤镜

Photoshop CS6新增的模糊功能非常出色，可以快速创建摄影模糊效果，在Photoshop CS6的模糊滤镜中多了3个全新的滤镜，分别是场景模糊、光圈模糊和倾斜偏移。选择【滤镜】▶【模糊】菜单命令，可以看到新增的3个模糊滤镜。

滤镜(T)	视图(V)	窗口(W)	帮助(H)

模糊画廊　　　　　　　Ctrl+F

转换为智能滤镜

抽出(X)...
滤镜库(G)...
自适应广角(A)...　　Shift+Ctrl+A
镜头较正(R)...　　　Shift+Ctrl+R
液化(L)...　　　　　Shift+Ctrl+X
油画(O)...
图案生成器(P)...
消失点(V)...　　　　Alt+Ctrl+V

风格化　　　　　　▶
模糊　　　　　　　▶　　　场景模糊...
扭曲　　　　　　　▶　　　光圈模糊...
锐化　　　　　　　▶　　　倾斜偏移...
视频　　　　　　　▶　　　表面模糊...
像素化　　　　　　▶　　　动感模糊
渲染　　　　　　　▶　　　方框模糊...
杂色　　　　　　　▶　　　高斯模糊...
其它　　　　　　　▶　　　进一步模糊
　　　　　　　　　　　　 径向模糊...
Digimarc　　　　　▶　　　镜头模糊...
KPT effects　　　 ▶　　　模糊
沃EyeCandy4.0　　 ▶　　　平均
　　　　　　　　　　　　 特殊模糊...
浏览联机滤镜...　　　　　形状模糊...

倾斜偏移

1. 场景模糊

1 打开素材

打开随书光盘中的 "素材\ch01\图02.jpg" 文件。

2 打开场景模糊控制面板

选择【滤镜】▶【模糊】▶【场景模糊】菜单命令,打开场景模糊控制面板。

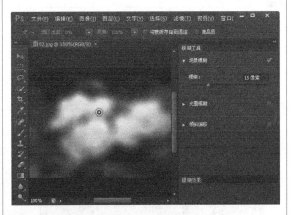

3 调整模糊强度

用户可以通过主界面右侧的模糊控制面板上【场景模糊】和【模糊效果】下的滑块来分别调整照片模糊的强弱程度和模糊效果,单击【确定】按钮。

4 查看模糊效果

即可看到应用场景模糊之后的效果。

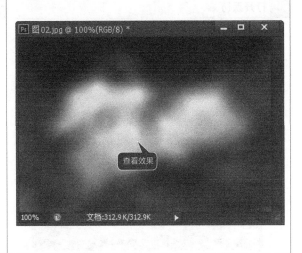

2. 光圈模糊

1 打开素材

打开随书光盘中的"素材\ch01\图03.jpg"文件。

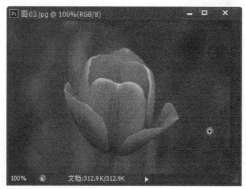

2 打开光圈模糊控制面板

选择【滤镜】▶【模糊】▶【光圈模糊】菜单命令，打开光圈模糊控制面板。

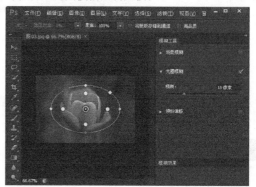

3 添加光圈迷糊点

用户可以通过主界面右侧的模糊控制面板上的滑块来调整照片光圈模糊的强弱程度，还可以通过移动控制点来设置模糊效果，用户可以为一张图片添加多个光圈模糊点。

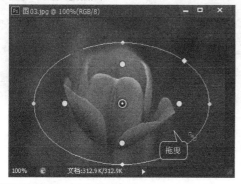

4 查看效果

调整完成后，可以看到应用光圈模糊之后的效果。

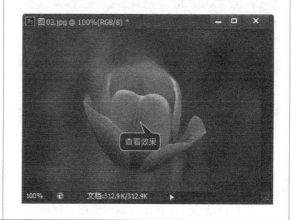

3. 倾斜偏移

1 打开素材

打开随书光盘中的"素材\ch01\图04.jpg"文件。

2 打开光圈模糊控制面板

选择【滤镜】▶【模糊】▶【倾斜偏移】菜单命令，打开倾斜偏移控制面板。

3 改变倾斜偏移的角度

在倾斜偏移控制面板中，通过边框的控制点改变倾斜偏移的角度以及效果的作用范围。

4 调整模糊的起始点

通过边缘的两条虚线为移轴模糊过渡的起始点，通过调整移轴范围调整模糊的起始点。

5 调整模糊的强弱程度

在移轴控制中心的控制点，拖曳该点可以调整移轴效果在照片上的位置以及移轴形成模糊的强弱程度。

6 查看效果

设置完成后，可以看到应用倾斜偏移模糊之后的效果。

查看模糊后的效果

1.4.4 新增自动保存和图层搜索功能

以往用户使用Photoshop的时候，如果突然断电或死机，那么正在处理的文件将会丢失，而Photoshop CS6新增了自动保存功能，实现后台自动存档；没有进行保存的文件，下次启动Photoshop CS6时将自动打开，而且新版本的启动速度和打开速度也非常快。

在Photoshop CS6窗口中选择【编辑】▶【首选项】▶【文件处理】菜单命令，打开【首选项】对话框，在【文件存储选项】选项区域中可以设置自动存储文件的时间间隔。

另外，Photoshop CS6新增了图层搜索功能。在使用Photoshop的时候，很多用户都会觉得图层查找非常麻烦，特别是图层特别多的情况下。Photoshop CS6就为用户解决了这一难题，加入了图层搜索功能，从而可以快速找到需要的图层。

在【图层】面板中单击【正常】按钮，在弹出的下拉列表中选择【名称】选项。这时后面将出现一个文本框，在其中输入想要查看的图层名称，即在【图层】面板的下方显示搜索出来的图层。

1.4.5 一键美图功能

随着傻瓜式操作软件的普及，Adobe公司在Photoshop CS6版本中也新增了一键美图功能，用户只要通过鼠标拖移滑块，调整图片的色调、亮度、对比度等参数，使用简单，效果却非常不错，达到一键美图的效果。

1　打开素材

打开随书光盘中的"素材\ch01\图05.jpg"文件。

2　选择【色相/饱和度】选项

在【图层】面板中单击【创建新的填充或调整图层】按钮 ，在弹出的列表中选择【色相/饱和度】选项。

3 选择【进一步增加饱和度】选项

打开【属性】面板，在其中单击【预设】后面的下拉按钮，在弹出的下拉列表中选择【进一步增加饱和度】选项。

4 查看效果

这时可以看到图片自动调整了亮度、对比度、色相与饱和度，起到了美图作用。

1.4.6 全新的裁剪工具

以前使用裁剪工具时，是图片固定，然后对选择区域进行变形和移动；而新版本软件的裁剪工具则是让选择区域固定，可对图片进行移动和旋转。掌握这个工具的使用诀窍后，可以让用户在使用过程中更加得心应手。

工作经验小贴士

如果用户已熟练运用旧版软件裁剪工具的快捷键，这个重新设计后的工具可能会让用户很不习惯。

1.4.7 透视裁剪工具

首先在工具箱中选择【透视裁剪工具】，然后在画面中选取出要裁切的部分，将透视影像进行裁剪，并把画面拉直与转正，其操作也非常简单。用户只要把裁切点放在4个透视点上，就可自动把画面进行裁剪与转正，非常方便。

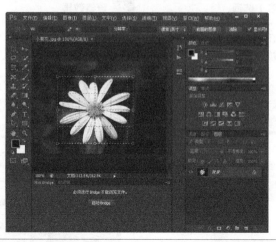

1.4.8 镜头矫正

摄影师在拍摄时，经常会使用广角镜头。在使用广角镜头拍摄时，所产生的镜头畸变会让照片产生变形。在Photoshop CS6的滤镜中添加了全新的广角镜头校正命令。在使用广角镜头校正功能时，Photoshop CS6会自动校正广角镜头拍摄时产生的变形。

使用【自适应广角】滤镜校正图片的具体操作步骤如下。

1 打开素材

打开随书光盘中的"素材\ch01\图06.jpg"文件。

2 打开【自适应广角】对话框

选择【滤镜】▶【自适应广角】菜单命令，打开【自适应广角】对话框，在其中设置相应的参数，单击【确定】按钮。

此时，可以看到校正后的图片效果。

工作经验小贴士

如果用户对于软件自动计算的效果不满意，可以根据需要手动调整校正广角变形。在广角变形校正中，可以通过鱼眼、透视、自动3种方式校正广角镜头畸变。

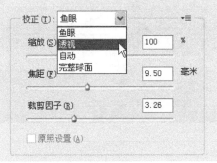

另外，选择【滤镜】▶【镜头校正】菜单命令，可以打开【镜头矫正】对话框，在其中可以更直观地使用【镜头校正】滤镜。网格显示默认为关闭，色差校正滑块允许进行小数点调整，此外还新增第三个滑块，以校正常见的绿色/洋红色色差。

1.4.9 视频处理功能

Photoshop CS6提供了功能强大的视频编辑功能，用户可以通过Photoshop CS6的视频处理功能来处理拍摄的视频文件，用户可以利用熟悉的各种Photoshop工具轻松对视频文件进行任意处理剪辑，制作出精美的影片。

Photoshop CS6在制作视频的时候可以通过设置关键帧的形式来设置素材的动画效果，关键帧的设置也是和Premiere非常相似的，用户可以通过设置素材的位置、透明度、风格来得到丰富多彩的动画效果。

1.4.10 迷你管理器

Photoshop CS6版本中新增加的Mini Bridge特性使得文件浏览工具直接集成，保持Mini Bridge 媒体管理器为开启状态，就能通过它轻松直观地浏览和使用电脑中保存的图片与视频。这是对常用文件打开功能的一个很好的补充，可以有效减少文件打开操作。

1.4.11 全新的Adobe Mercury图形引擎

全新的Adobe Mercury图形引擎拥有前所未有的响应速度，让用户工作起来如行云流水般顺畅。当用户使用Photoshop CS6的液化、操控变形和裁剪等主要工具进行编辑时，能够即时查看实时效果。

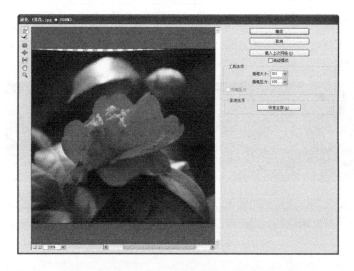

1.4.12 灵活的画笔调整

Photoshop CS6的画笔工具可以产生更自然逼真的效果，可以任意磨钝和削尖炭笔或蜡笔，以创建不同的效果，并将常用的钝化笔尖效果存储为预设；通过鼠标手动更改画笔的旋转，可以产生更自然的绘图效果；通过快捷键随意调整画笔的大小，以及轻松调整不透明度或硬度。

1.4.13 矢量图形样式

在Photoshop里面有一些矢量工具，如钢笔工具和矩形工具等，可以很方便地绘制出矩形、圆角矩形、圆形以及不规则图形，但是这些矢量图形除了简单地填充颜色和样式外就只能当作路径、选区使用了。如果用户想绘制一个虚线矩形框，在以前版本中是很费力费时的一件事，而在Photoshop CS6中新增了矢量图形样式功能，用户可以轻松完成这项工作。

1.4.14 Camera Raw增效工具

Adobe Photoshop Camera Raw 7增强模块中功能强大的工具可以编辑和增强原始图像文件和JPEG文件，呈现图像亮部所有细节的同时保留阴影的丰富细节，如移除噪点、增加粒状纹理等。使用Adobe Photoshop Camera Raw 7增效工具可以处理各种相机拍摄的图像。该增效工具支持350多种相机机型。

1.4.15 肤色选择功能

创建精确的选区和蒙版，可以让用户不费力地调整或保留肤色，轻松选择精细的图像元素。选择【选择】▶【色彩范围】菜单命令，然后在打开的【色彩范围】对话框中选择肤色并设置容差。

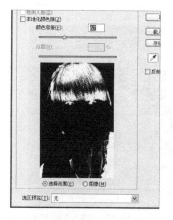

选择好以后，用户可以设置羽化值，然后对肤色进行调整，快速创建蒙版，使用色彩调整工具对用户所选择的部分进行调整。

1.4.16 新增3D文字特效工具

在Photoshop CS6版本中新增了3D功能，集成了市面上各种滤镜，灯光、建模和文字3D工具。只要保持文字的编辑属性，用户可以在任何时候调整文字的内容，甚至随意变形。

工作经验小贴士

Photoshop CS6的3D功能在Windows XP操作系统环境下是无法正常运用的，而且还有一些其他功能无法使用。

1.5 认识Photoshop CS6的工作界面

本节视频教学时间：13分钟

Photoshop CS6工作界面的设计非常系统化，便于操作和理解，同时也易于被人们接受。其主要由标题栏、菜单栏、工具箱、任务栏、面板和工作区等几个部分组成。

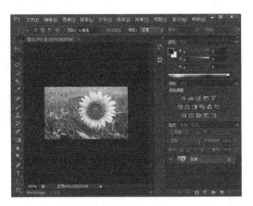

1.5.1 认识菜单栏

Photoshop CS6中有10个主菜单，每个菜单内都包含一系列命令，这些命令按照不同的功能采用分割线隔开。

菜单栏包含执行任务的菜单，这些菜单是按主题进行组织的。

(1)【文件】菜单中包含的是用于处理文件的基本操作命令，如新建、保存、退出等。

(2)【编辑】菜单中包含的是用于进行基本编辑操作的命令，如填充、自动混合图层、定义图案等。

(3)【图像】菜单中包含的是用于处理画布图像的命令，如模式、调整、图像大小等。

(4)【图层】菜单中包含的是用于处理图层的命令，如新建、图层样式、合并图层等。

(5)【文字】菜单中包含的是用于处理文字的命令，如字体预览大小、文字变形、转换文本形状类型等。

(6)【选择】菜单中包含的是用于处理选区的命令，如修改、变换选区、载入选区等。

(7)【滤镜】菜单中包含的是用于处理滤镜效果的命令，如滤镜库、风格化、模糊等。

(8)【视图】菜单中包含的是一些基本的视图编辑命令，如放大、打印尺寸、标尺等。

(9)【窗口】菜单中包含的是一些基本的面板启用命令。

(10)【帮助】菜单中包含的是一些帮助命令。

1.5.2 认识工具箱

默认情况下，工具箱将出现在屏幕左侧，用户可通过拖移工具箱的标题栏来移动它。也可以通过选择【窗口】▶【工具】菜单命令，显示或隐藏工具箱。

工具箱中的某些工具具有出现在上下文相关工具属性栏中的选项。通过这些工具，可以进行文字、选择、绘画、绘制、取样、编辑、移动、注释和查看图像等操作。通过工具箱中的工具，还可以更改前景色/背景色以及在不同的模式下工作。

展开某些工具可以查看它们后面的隐藏工具。工具图标右下角的小三角形按钮表示存在隐藏工具。

将鼠标指针放在工具图标上，用户就可以查看有关该工具的信息，工具的名称将出现在指针下面的工具提示中，某些工具提示还包含指向有关该工具的附加信息的链接。

工具箱如下图所示。

工作经验小贴士

双击工具箱顶部的按钮可以实现工具箱的展开和折叠。如果工具的右下角有一个黑色的三角按钮，说明该工具是一组工具（含有隐藏的工具）。把鼠标光标放置在工具上，按下鼠标左键并且停几秒钟就会展开隐藏的工具。

1.5.3 认识图像窗口

大多数工具的选项都会在选中该工具时在选项栏中显示，例如选中【移动工具】时的选项栏如下图所示。

选项栏与工具相关，并且会随所选工具的不同而变化。选项栏中的一些设置（例如绘画模式和不透明度）对于许多工具都是通用的，但是有些设置则专用于某个工具（例如用于【铅笔工具】的【自动抹掉】设置）。

1.5.4 认识面板

使用面板可以监视和修改图像。

1. 【图层】面板

【图层】面板中列出了图像中的所有图层、图层组和图层效果，可以使用【图层】面板来显示和隐藏图层、创建新图层以及处理图层组。

2. 【通道】面板

【通道】面板中列出了图像中的所有通道，对于 RGB、CMYK 和 Lab 图像，将最先列出复合通道。通道内容的缩览图显示在通道名称的左侧，在编辑通道时会自动更新缩览图。

3.【路径】面板

【路径】面板中列出了每条存储的路径、当前工作路径、当前矢量蒙版的名称和缩览图像。

选择【窗口】菜单命令可以控制面板的显示与隐藏。默认情况下，面板以组的方式堆叠在一起。用鼠标左键拖曳面板的顶端移动位置可以移动面板组。还可以单击面板左侧的各类面板标签打开相应的面板。

1.5.5 认识属性栏

属性栏位于每个文档窗口的上部，显示工具参数的相关信息，例如在工具箱中单击【矩形工具】按钮，则属性栏中显示【矩形工具】的绘图类型、样式和颜色等属性参数。

1.5.6 认识状态栏

状态栏位于每个文档窗口的底部，显示相关信息，例如现用图像的当前放大倍数、文件大小以及当前工具用法的简要说明等。

单击状态栏上的白色三角按钮▶可以弹出一个菜单。选择相应的图像状态，状态栏的信息显示情况也会随之改变，例如选择【暂存盘大小】，状态栏中将显示有关暂存盘大小的信息。

1.6 实例4——制作简单的图形

本节视频教学时间：4分钟

本实例使用【移动工具】并通过调整不透明度来制作一幅将巧克力放置在鱼缸中的奇幻效果图。

1 打开素材

单击【文件】▶【打开】菜单命令。打开随书光盘中的"素材\ch01\图003.jpg"和"图004.jpg"两幅图像。

2 用【魔术棒工具】去白底

用【魔术棒工具】单击图004中的白色部分，将白色区域选中。按【Delete】键将白色区域删除，再按【Ctrl+D】组合键取消选区。

3 使用【移动工具】拖曳素材

使用工具箱中的【移动工具】将素材"图004.jpg"拖曳到"图003.jpg"中。

4 调整图片的位置和大小

选择"图004.jpg"所在的【图层1】图层，按【Ctrl+T】组合键执行自由变换调整图片的位置和大小，调整完毕后按【Enter】键确定。

5 设置图层不透明度为53%

在【图层】面板中选择【图层1】图层，设置图层【不透明度】为"53%"。

6 查看最终效果

最终效果如图所示。

 ## 高手私房菜

技巧：如何优化工作界面

在工具箱中，Photoshop CS6提供了【更改屏幕模式】按钮，单击按钮右侧的三角箭头可以选择【标准屏幕模式】、【带有菜单栏的全屏模式】和【全屏模式】3个选项来改变屏幕的显示模式，也可以按快捷键【F】键来实现3种模式之间的切换。建议初学者使用【标准屏幕模式】。

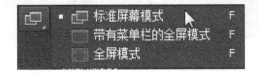

工作经验小贴士

当工作界面较为混乱的时候，用户可以选择【窗口】▶【工作区】▶【基本功能（默认）】菜单命令恢复默认的工作界面。

【带有菜单栏的全屏模式】效果如下图所示。

要想拥有更大的画面观察空间，则可使用全屏模式。单击【更改屏幕模式】按钮，选择【全屏模式】时，系统会自动弹出【信息】对话框。单击【全屏】按钮，即可转换为全屏模式，如下图所示。

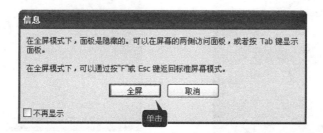

第 2 章

图像的简单编辑

 本章视频教学时间：50 分钟

在处理图像的时候，会频繁地在图像的整体和局部之间来回切换，通过对整体的把握和对局部的修改来达到最终的完美效果。Photoshop CS6提供了一系列的图像查看命令，可以帮助用户方便地完成这些操作。

【学习目标】

通过本章的学习，读者可以掌握简单编辑图像的方法。

【本章涉及知识点】

掌握新建文件的方法

掌握查看图像的方法

掌握应用辅助工具的方法

掌握调整图像的方法

2.1 实例1——图像文件的基本操作

本节视频教学时间：14分钟

要绘制或处理图像，首先要新建、导入或打开图像文件，处理完成之后，再进行保存，这是最基本的流程。本章主要介绍Photoshop CS6中文件的基本操作。

2.1.1 新建文件

新建文件的方法很简单，但是新建文件有许多设置内容，结合需求设置参数可以创建出满足不同需求的文件。

选择【文件】➤【新建】菜单命令，打开【新建】对话框。

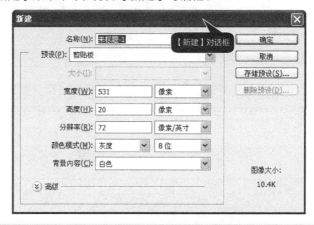

工作经验小贴士
在制作网页图像的时候一般是用【像素】做单位，在制作印刷品的时候则是用【厘米】做单位。

(1)【名称】文本框：用于填写新建文件的名称。【未标题-1】是Photoshop默认的名称，可以将其改为其他名称。

(2)【预设】下拉列表：用于提供预设文件尺寸及自定义尺寸。

(3)【宽度】设置框：用于设置新建文件的宽度，默认以像素为单位，也可以选择英寸、厘米、毫米、点、派卡和列等为单位。

(4)【高度】设置框：用于设置新建文件的高度，单位同上。

(5)【分辨率】设置框：用于设置新建文件的分辨率。像素/英寸默认为分辨率的单位，也可以选择像素/厘米为单位。

(6)【颜色模式】下拉列表：用于设置新建文件的颜色模式，包括位图、灰度、RGB颜色、CMYK颜色和Lab颜色等几种模式。

(7)【背景内容】下拉列表：用于选择新建文件的背景内容，包括白色、背景色和透明等3种。

① 白色：白色背景。

② 背景色：以所设定的背景色（相对于前景色）为新建文件的背景。

③ 透明：透明的背景（以灰色与白色交错的格子表示）。

工作经验小贴士
按组合键【Ctrl+N】，可以快速弹出【新建】对话框。

2.1.2 打开文件

对已有文件执行编辑操作时，首先要打开文件，具体操作方法如下。

1 打开【打开】对话框

选择【文件】➤【打开】菜单命令，打开【打开】对话框，单击【查看】菜单图标▦，可以选择以缩略图的形式来显示图像。

2 打开图片

在【打开】对话框中选中要打开的图片，然后单击【打开】按钮或者直接双击图像即可打开图像。

工作经验小贴士

按快捷键【Ctrl+O】可以快速弹出【打开】对话框，或者在工作区空白位置双击也可以快速弹出【打开】对话框。一般情况下，【文件类型】默认为所有格式，也可以选择某种特定的文件格式，然后在大量的文件中进行筛选。

2.1.3 保存文件

制作好的图像要留待以后使用需要执行保存操作，具体操作方法如下。

1. 方法1

选择【文件】➤【存储】菜单命令，可以以原有的格式存储正在编辑的文件。

2. 方法2

选择【文件】➤【存储为】菜单命令，打开【存储为】对话框进行保存。对于新建的文件或已经存储过的文件，可以使用【存储为】命令将文件另外存储为某种特定的格式。

(1)【存储选项】选项区域：用于对各种要素进行存储前的取舍。

①【作为副本】复选框：选中此复选框，可将所编辑的文件存储为文件的副本，并且不影响原有的文件。

②【Alpha通道】复选框：当文件中存在Alpha通道时，可以选择存储A1pha通道（选中此复选框）或不存储Alpha通道（撤选此复选框）。要查看图像是否存在Alpha通道，执行【窗口】➤【通道】菜单命令打开【通道】面板，然后在其中查看即可。

③【图层】复选框：当文件中存在多图层时，可以保持各图层独立进行存储（选中此复选框）或将所有图层合并为同一图层存储（撤选此复选框）。要查看图像是否存在多图层，执行【窗口】➤【图层】菜单命令打开【图层】面板，然后在其中查看即可。

④【注释】复选框：当文件中存在注释时，可以通过选中或撤选此复选框对其存储或忽略。

⑤【专色】复选框：当图像中存在专色通道时，可以通过选中或撤选此复选框对其存储或忽略。专色通道可以在【通道】面板中查看。

(2)【颜色】选项区域：用于为存储的文件配置颜色信息。

(3)【缩览图】复选框：用于为存储文件创建缩览图，该选项为灰色表明系统自动为其创建缩览图。

(4)【使用小写扩展名】复选框：选中此复选框，则用小写字母创建文件的扩展名。

3. 方法3

按组合键【Ctrl+S】。

对于正在编辑的文件应该随时存储，以免出现意外而丢失。

2.1.4 置入文件

使用【打开】菜单命令，打开的各个图像之间是独立的，如果想让图像导入到另外一个图像上，需要使用【置入】菜单命令。

1 打开素材文件

打开随书光盘中的"素材\ch02\图01.jpg"文件，选择【文件】➤【置入】菜单命令，弹出【置入】对话框，选择随书光盘中的"素材\ch02\图03.jpg"文件，然后单击【置入】按钮。

2 完成文件置入

此时图像被置入到图01上，并在四周显示控制线。

3 调整旋转角度

将鼠标指针放在置入图像的控制线上，当变成旋转箭头时，按住鼠标不放即可旋转图像。

4 调整大小

将鼠标指针放在置入图像的控制线上，当变成双向箭头时，按住鼠标左键拖曳即可等比例缩放图像。设置完成后，按【Enter】键即可确认设置。

2.1.5 关闭文件

关闭文件的方法有以下3种。

1. 方法1

选择【文件】➤【关闭】菜单命令，即可关闭正在编辑的文件。

2. 方法2

单击编辑窗口上方的【关闭】按钮，即可关闭正在编辑的文件。

3. 方法3

在标题栏上右击，在弹出的快捷菜单中选择【关闭】菜单命令，如果关闭所有打开的文件，可以选择【关闭全部】菜单命令。

2.1.6 打印图像文件

当所有的设计工作都已经完成，需要将作品打印出来时，在打印之前还需要对所输出的版面和相关的参数进行设置，以确保更好地打印作品，更准确地表达设计的意图。

1. 打印设置

选择【文件】➤【打印】菜单命令，弹出【Photoshop打印设置】对话框，如下图所示，各个选项的功能如下。

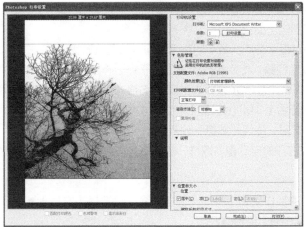

(1)【打印机】下拉列表：用于选择打印机。

(2)【份数】参数框：用来设置打印的份数。

(3)【打印设置】按钮：单击可以在打开的【文档属性】对话框中设置字体嵌入和颜色安全等参数。

(4)【位置】选项区域：用来设置所打印的图像在画面中的位置。

(5)【缩放后的打印尺寸】：用来设置缩放的比例、高度、宽度和分辨率等参数设置。

(6)【纵向打印纸张】按钮▤：单击可以设置纵向打印。

(7)【横向打印纸张】按钮▤：单击可以设置横向打印。

(8)【校准条】：分为10个灰度打印级别，即按10%的增量为0~100%浓度过渡的效果。使用CMYK分色，将会在每个CMYK印版的左边打印一个校准色条，并在右边打印一个连续颜色条。

工作经验小贴士

只有当纸张比打印图像大时，才会打印校准栏、套准标记、裁切标记和标签。校准栏和星形色靶套准标记要求使用 PostScript 打印机。

(9)【套准标记】：在图像上打印套准标记（包括靶心和星形靶），这些标记主要用于对齐分色。

(10)【角裁剪标记】：在要裁剪页面的位置打印裁剪标记，也可以在角上打印裁剪标记。在PostScript 打印机上，选择此选项也将打印星形色靶。

(11)【中心裁剪标记】：在要裁剪页面的位置打印裁剪标记。可在每个边的中心打印裁剪标记。

(12)【说明】：打印在【文件简介】对话框中输入的任何说明文本（最多300个字符）。将始终采用9号Helvetica无格式字体打印说明文本。

(13)【标签】：在图像上方打印文件名。如果打印分色，则将分色名称作为标签的一部分打印。

(14)【药膜朝下】：使文字在药膜朝下（即胶片或像纸上的感光层背对用户时）时可读。正常情况下，打印在纸上的图像是药膜朝上打印的，打印在胶片上的图像通常采用药膜朝下的方式打印。

(15)【负片】：打印整个输出（包括所有蒙版和任何背景色）的反相版本。与【图像】菜单中的【反相】命令不同，【负片】选项将输出（而非屏幕上的图像）转换为负片。尽管正片胶片在许多国家/地区应用很普遍，但是如果将分色直接打印到胶片上，可能需要负片。若要确定药膜的朝向，请在冲洗胶片后于亮光下检查胶片，暗面是药膜，亮面是基面。应与印刷商核实，确定要求胶片正片药膜朝上、负片药膜朝上、正片药膜朝下还是负片药膜朝下。

(16)【背景】：选择要在页面上的图像区域外打印的背景色。例如，对于打印到胶片记录仪的幻灯片，黑色或彩色背景可能很理想。要使用该选项，请单击【背景】按钮，然后从拾色器中选择一种颜色。这仅是一个打印选项，它不影响图像本身。

(17)【边界】：在图像周围打印一个黑色边框。键入一个数字并选取单位值，可指定边框的宽度。

(18)【出血】：在图像内而不是在图像外打印裁切标记。使用此选项可在图形内裁切图像。键入一个数字并选取单位值，可指定出血的宽度。

(19)【网屏】：为印刷过程中使用的每个网屏设置网频和网点形状。

(20)【传递】：调整传递函数。传递函数传统上用于补偿将图像传递到胶片时出现的网点补正或网点丢失情况。仅当直接从 Photoshop打印或当以EPS格式存储文件并将其打印到PostScript打印机时，才识别该选项，通常使用【CMYK设置】对话框中的设置来调整网点补正。但是，当针对没有正确校准的输出设备进行补偿时，传递函数将十分有用。

(21)【插值】：通过在打印时自动重新取样，从而减少低分辨率图像的锯齿状外观。

2. 打印文件

打印中最为直观简单的操作就是【打印一份】命令，可选择【文件】➤【打印一份】菜单命令打印，或者按【Alt+Shift+Ctrl+P】组合键打印。

在打印时，也可以同时打印多份。选择【文件】➤【打印】菜单命令，在弹出的【打印】对话框中的【份数】文本框中输入要打印的份数，即可一次打印多份。

2.2 实例2——查看图像

本节视频教学时间：7分钟

Photoshop CS6作为图像编辑工具最基本的功能就是查看图像，使用Photoshop CS6查看图像的具体操作内容如下。

2.2.1 Photoshop CS6支持的图像格式

随着Photoshop版本的不断升级和完善，目前其所能支持的格式非常之多，主要有BMP、DICOM、JPEG、PNG、PSD、Targa、TIFF和OpenEXR等，每一种图像格式都有自己的特色和用途。

2.2.2 使用导航器查看图像

选择【窗口】➤【导航器】菜单命令，可以查看局部图像。在导航器缩略窗口中使用【抓手工具】可以改变图像的局部区域。

单击导航器中的缩小图标██可以缩小图像，单击放大图标██可以放大图像。也可以在左下角的位置直接输入缩放的数值。

2.2.3 使用缩放工具查看图像

使用缩放工具可以实现对图像的缩放查看。使用缩放工具拖曳出想要放大的区域即可对局部区域进行放大，也可以利用快捷键来实现：按【Ctrl++】组合键以画布为中心放大图像；按【Ctrl+ - 】组合键以画布为中心缩小图像；按【Ctrl+0】组合键以满画布显示图像，即图像窗口充满整个工作区域。

2.2.4 使用【抓手工具】查看图像

当图像放大到窗口中只能够显示局部图像时，如果需要查看图像中的某一部分，方法有如下3种。

(1) 使用【抓手工具】。

(2) 在使用【抓手工具】以外的工具时，按住空格键的同时拖曳鼠标可以将所要显示的部分图像在图像窗口中显示出来。

(3) 拖曳水平滚动条和垂直滚动条来查看图像。

下图所示为使用【抓手工具】查看部分图像。

2.2.5 画布旋转查看图像

使用【旋转视图工具】可平稳地旋转画布，以便以所需的任意角度进行无损查看。

1 打开【首选项】对话框	**2 打开素材文件**
单击【编辑】➤【首选项】➤【性能】菜单命令，弹出【首选项】对话框，在【图形处理器设置】选项区域中单击选中【使用图形处理器】复选框，然后单击【确定】按钮。 	打开随书光盘中的"素材\ch02\1-2.jpg"文件。 
3 显示旋转图标	**4 旋转图像**
在工具箱中单击【旋转视图工具】按钮，然后在图像上单击即可出现旋转图标。 	移动鼠标即可实现图像的平稳旋转。 

5 绘制选区	6 返回原始状态
选择工具箱中的【矩形选框工具】，在图像中拖曳绘制选区，可以看出绘制选区的角度与图像旋转的角度是一致的。 	双击工具箱中的【旋转视图工具】则可返回图像原来的状态。 

2.3 实例3——应用辅助工具

本节视频教学时间：7 分钟

辅助工具的主要作用是辅助操作，可以利用辅助工具提高操作的精确程度，进而提高工作的效率。在Photoshop中可以利用参考线、网格和标尺等工具来完成辅助操作。

2.3.1 使用标尺定位图像

利用标尺可以精确地定位图像中的某一点以及创建参考线。选择【视图】▶【标尺】菜单命令或按【Ctrl+R】组合键，标尺会出现在当前窗口的顶部和左侧。

标尺内的虚线可显示出当前鼠标指针所处的位置。更改标尺原点（左上角标尺上的（0.0）标志），可以从图像上的特定点开始度量。在左上角按住鼠标左键拖曳到特定的位置释放，即可改变原点的位置。

工作经验小贴士
要恢复原点的位置，只需在左上角双击即可。

标尺原点还决定网格的原点，网格的原点位置会随着标尺的原点位置而改变。

默认情况下标尺的单位是厘米，如果要改变标尺的单位，可以在标尺位置右击，在弹出的快捷菜单中选择相应的单位即可。

2.3.2 网格的使用

网格对于对称布置图像很有用。选择【视图】▶【显示】▶【网格】菜单命令或按【Ctrl+"】组合键，即可显示网格。网格在默认的情况下显示为不打印出来的线条，但也可以显示为点。使用网格可以查看和跟踪图像扭曲的情况。

下图所示为以直线方式显示的网格。

选择【编辑】▶【首选项】▶【参考线、网格和切片】菜单命令，打开【首选项】对话框，可以在【参考线】、【网格】、【切片】等选项区域中设定网格的大小和颜色。用户也可以存储一幅图像中的网格后将其应用到其他的图像中。

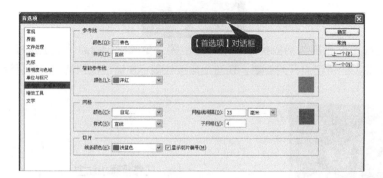

选择【视图】▶【对齐到】▶【网格】菜单命令，然后拖曳选区、选区边框和工具，如果拖曳的距离小于8个屏幕（不是图像）像素，那么它们将与网格对齐。

2.3.3 使用参考线准确编辑图像

参考线是浮在整个图像上但不被打印出来的线条。用户可以移动或删除参考线，也可以锁定参考线，以免不小心移动了它。

选择【视图】➤【显示】➤【参考线】菜单命令或按【Ctrl+：】组合键，即可显示参考线。

1. 创建参考线的方法。

(1) 从标尺处直接拖曳出参考线，按住【Shift】键并拖曳参考线可以使参考线与标尺对齐。

(2) 如果要精确地创建参考线，可以选择【视图】➤【新建参考线】菜单命令，打开【新建参考线】对话框，输入相应的【水平】和【垂直】参考线数值，再单击【（确定）】按钮即可。

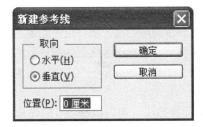

工作经验小贴士
也可以将图像放大到最大程度后直接从标尺位置拖曳出参考线。

2. 删除参考线的方法。

(1) 使用【移动工具】将参考线拖曳到标尺位置，可以一次删除一条参考线。

(2) 选择【视图】➤【清除参考线】菜单命令，可以一次性将图像窗口中的所有参考线全部删除。

3. 锁定参考线的方法。

为了避免在操作中移动参考线，可以选择【视图】➤【锁定参考线】菜单命令锁定参考线。

4. 隐藏参考线的方法。

按【Ctrl+H】组合键可以隐藏参考线。

工作经验小贴士
直接拖曳出参考线，按下【Shift】键并拖曳参考线可以使参考线对齐。

2.4 实例4——调整图像

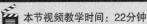本节视频教学时间：22分钟

对于打开的图像，用户可以进行调整，包括图像大小、画布大小、图像方向、裁剪图像和图像变形等。

2.4.1 了解像素与分辨率

首先先来了解像素和分辨率的概念。

1. 像素

像素（Pixel）是Picture（图像）和Element（元素）这两个单词组合的缩写，是计算机图像常用的单位。如同摄影的相片一样，数码影像也具有连续性的浓淡阶调，若把影像放大数倍，会发现这些连续色调其实是由许多色彩相近的小方点所组成，这些小方点就是构成影像的最小单位像素（Pixel）。这种最小的图形单元在屏幕上显示通常是单个染色点，越高位的像素，其拥有的色板也就越丰富，越能表达颜色的真实感。

在Photoshop CS6中，单击工具箱中的【缩放工具】按钮多次，即可看到最小单位像素。

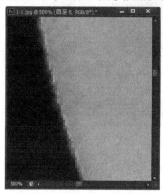

2. 分辨率

所谓分辨率，是指屏幕所能显示的像素的多少，主要用来表示屏幕的精密度。由于图像上的点、线和面都是由像素组成的，图像可显示的像素越多，画面就越精细，同样图像区域内能显示的信息也越多，所以分辨率是图像非常重要的性能指标之一。如果把整个图像想象成是一个大型的棋盘，而分辨率的表示方式就是所有经线和纬线交叉点的数目。

图像分辨率指图像中存储的信息量。这种分辨率有多种衡量方法，典型以每英寸的像素数来衡量；当然也有以每厘米的像素数来衡量的。图像分辨率和图像尺寸（高宽）的值一起决定文件的大小及输出的质量，该值越大图形文件所占用的磁盘空间也就越多。图像分辨率以比例关系影响着文件的大小，即文件大小与其图像分辨率的平方成正比。如果保持图像尺寸不变，将图像分辨率提高1倍，则其文件大小会增大为原来的4倍。

2.4.2 调整图像的大小

在Photoshop CS6中，使用【图像大小】对话框可以调整图像的像素大小、打印尺寸和分辨率。选择【图像】➤【图像大小】菜单命令，弹出【图像大小】对话框。

工作经验小贴士

在调整图像大小时，位图数据和矢量图数据会产生不同的结果。位图数据与分辨率有关，因此更改位图图像的像素大小可能导致图像品质和锐化程度损失。相反，矢量图数据与分辨率无关，调整其大小不会降低图像边缘的清晰度。

(1)【像素大小】设置区：在此输入【宽度】值和【高度】值。如果要输入当前尺寸的百分比值，应选取【百分比】作为度量单位。图像的新文件大小会出现在【图像大小】对话框的顶部，而旧文件大小则在括号内显示。

(2)【文档大小】设置区：在此输入【宽度】值和【高度】值，可设置文档的大小。

(3)【缩放样式】复选框：如果图像带有应用了样式的图层，则可选中【缩放样式】复选框，在调整大小后的图像中，图层样式的效果也被缩放。只有选中了【约束比例】复选框，才能使用此复选框。

(4)【约束比例】复选框：如果要保持当前的像素宽度和像素高度的比例，则应选中【约束比例】复选框。更改高度时，将自动更新宽度，反之亦然。

(5)【重定图像像素】复选框：在其后面的下拉列表框中包括【邻近】、【两次线性】、【两次立方】、【两次立方较平滑】、【两次立方较锐利】等5个选项。

① 选择【邻近】选项，速度快但精度低。建议对包含未消除锯齿边缘的插图使用该方法，以保留硬边缘并产生较小的文件。但是，该方法可能导致锯齿状效果，在对图像进行扭曲或缩放时或在某个选区上执行多次操作时，这种效果会变得非常明显。

②【两次线性】选项对于中等品质方法可使用两次线性插值。

③【两次立方】选项速度慢但精度高，可得到最平滑的色调层次。

④【两次立方较平滑】选项在两次立方的基础上适用于放大图像。

⑤【两次立方较锐利】选项在两次立方的基础上适用于图像的缩小，用以保留更多在重新取样后的图像细节。

2.4.3 调整画布的大小

在Photoshop CS6中，所添加的画布有多个背景选项。如果图像的背景是透明的，那么添加的画布也将是透明的。选择【图像】▶【画布大小】菜单命令，打开【画布大小】对话框。

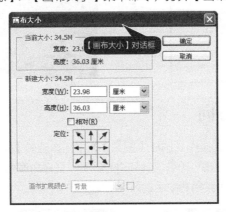

(1)【宽度】和【高度】参数框：设置画布尺寸。

(2)【相对】复选项：在【宽度】和【高度】参数框内根据希望画布大小输入增加或减少的数量（输入负数将减小画布大小）。

(3) 定位：单击某个方块可以指示现有图像在新画布上的位置。

(4)【画布扩展颜色】下拉列表框：包含有4个选项。

①【前景】选项：用当前的前景颜色填充新画布。

②【背景】选项：用当前的背景颜色填充新画布。

③【白色】、【黑色】或【灰色】选项：选择这3项之一则用所选颜色填充新画布。

④【其他】选项：使用拾色器选择新画布颜色。

增加画布尺寸的具体操作步骤如下。

1 打开素材文件

打开随书光盘中的"素材\ch02\图02.jpg"文件。

2 打开【画布大小】对话框

选择【图像】➤【画布大小】菜单命令，弹出【画布大小】对话框。

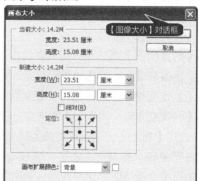

3 设置参数

在【宽度】和【高度】参数框中分别将原尺寸缩减3厘米，单击【确定】按钮。

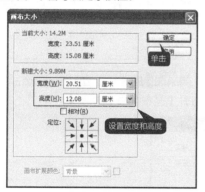

4 确定完成

最终效果如下图所示。

2.4.4 调整图像的方向

旋转画布就是对画布进行旋转操作。选择【图像】➤【图像旋转】菜单命令，在弹出的级联菜单中选择旋转的角度，包括180°、90°（顺时针和逆时针）、任意角度和水平翻转画布等操作。

下面是选择【水平翻转画布】菜单命令后的效果对比图。

2.4.5 裁剪图像

在处理图像的时候，如果图像的边缘有多余的部分，可以通过裁剪操作将其修整。常见的裁剪图像的方法有3种，分别为使用【剪裁工具】、使用【裁剪】命令和使用【裁切】命令。

1. 使用【裁剪工具】

【裁剪工具】可去除图像中裁剪选框内或选区周围的部分。对于移去分散注意力的背景元素以及创建照片的焦点区域而言，裁剪功能非常有用。

默认情况下，裁剪照片后照片的分辨率与原始照片的分辨率相同。使用【照片比例】选项可以在裁剪照片时查看和修改照片的大小和分辨率。如果使用预设大小，则会改变分辨率以适合预设。

利用裁剪工具可以保留图像中需要的部分，剪去不需要的内容。选择【裁剪工具】 ，在属性栏中可以通过设置图像的宽、高、分辨率等来确定要保留图像的大小。

1 打开素材文件	2 创建裁剪区域
打开随书光盘中的 "素材\ch02\图04.jpg" 文件。 	选择【裁剪工具】，在图像中拖曳创建一个矩形选区，释放鼠标后即可创建裁剪区域。 
3 调整定界框的大小	4 完成裁剪
将鼠标指针移至定界框的控制点上，单击并拖曳鼠标调整定界框的大小。 	按【Enter】键确认剪裁，最终效果如下图所示。 

 工作经验小贴士

【裁剪工具】使用技巧。

(1) 如有必要，可以调整裁剪选框，如果要将选框移动到其他的位置，则可将指针放在定界框内并拖曳；如果要缩放选框，则可拖移手柄。

(2) 如果要约束比例，则可在拖曳角手柄时按住【Shift】键。如果要旋转选框，则可将指针放在定界框外（指针变为弯曲的箭头形状）并拖曳。

(3) 如果要移动选框旋转时所围绕的中心点，则可拖曳位于定界框中心的圆。

(4) 如果要使裁剪的内容发生透视，可以选择属性栏中的【透视】选项，并在4个角的定界点上拖曳鼠标，这样内容就会发生透视。如果要提交裁切，可以单击属性栏中的✔按钮；如果要取消当前裁剪，则可单击◎按钮。

2. 用【裁剪】命令裁剪

使用【裁剪】命令剪裁图像的具体操作步骤如下。

1 选择要保留的部分

使用选区工具选择要保留的图像部分。

选择要保留部分

2 完成剪裁

选择【图像】➤【裁剪】菜单命令，即完成图像的剪裁，然后按【Ctrl+D】组合键取消选区。

3. 用【裁切】命令裁切

【裁切】命令通过移去不需要的图像数据来裁剪图像，其所用的方式与【裁剪】命令所用的方式不同，主要通过裁切周围的透明像素或指定颜色的背景像素来裁剪图像。

用裁切命令裁切图像的具体操作步骤如下。

1 打开【裁切】对话框

打开需要修改的素材，选择【图像】➤【裁切】菜单命令，弹出【裁切】对话框，单击选中【左上角像素颜色】单选项，单击【确定】按钮。

【裁切】对话框

2 完成裁切

完成裁切，裁切后的图像如下图所示。

工作经验小贴士

【裁切】对话框中各个参数的含义如下。

(1) 透明像素：修整掉图像边缘的透明区域，留下包含非透明像素的最小图像。

(2) 左上角像素颜色：选中此选项，可从图像中移去左上角像素颜色的区域。

(3) 右下角像素颜色：选中此选项，可从图像中移去右下角像素颜色的区域。

(4) 剪切：选择一个或多个要修整的图像区域，包括【顶】、【底】、【左】和【右】4个选项。

2.4.6 图像的变换与变形

　　【编辑】▶【变换】的级联菜单中包含对图像进行变换的各种命令，通过这些命令可以对选区内的图像、图层、路径和矢量形状进行变换操作，例如旋转、缩放、扭曲等。执行这些命令时，当前对象上会显示出定界框，拖曳定界框中的控制点便可以进行变换操作。

　　使用【变换】命令调整图像的具体步骤如下。

1 打开第一个素材

　　打开随书光盘中的"素材\ch02\图05.jpg"文件。

2 打开第二个素材文件

　　打开随书光盘中的"素材\ch02\图06.jpg"文件。

3 拖曳文件

　　使用【移动工具】将"图06.jpg"拖曳到"图05.jpg"文档中，同时生成【图层1】图层。

4 调整大小和位置

　　选择【图层1】图层，选择【编辑】▶【变换】▶【缩放】菜单命令调整"图06.jpg"的大小和位置。

调整大小和位置

5 调整透视

　　在选定界框内右击，在弹出的快捷菜单中选择【变形】命令来调整透视，然后按【Enter】键确认调整。

6 设置混合模式，查看效果

　　在【图层】面板中设置【图层1】图层的混合模式为深色，最终效果如下图所示。

最终效果

举一反三

本章学习了图像的简单编辑，利用本章学习的自由变换和裁剪工具，可以调整并裁剪图像的杂边。除了这些工具之外，还有更平滑地平移和缩放工具、多样式的排列文档等，可满足用户的相应需求。

高手私房菜

技巧1：喷绘与写真的图像输出要求

喷绘一般是指户外广告画面输出，它输出的画面很大，如高速公路旁的广告牌画面就是喷绘机输出的结果。输出机型有NRU SALSA 3200 、彩神3200等，一般是3.2m的最大幅宽。喷绘机使用的介质一般都是广告布（俗称灯箱布），墨水使用油性墨水，喷绘公司为保证画面的持久性，一般画面色彩比显示器上的颜色要深一点。它实际输出的图像分辨率一般只需要30~45点/英寸（按照印刷要求对比），画面实际尺寸比较大，有上百平方米的面积。

写真一般是指户内使用的，它输出的画面一般就只有几个平方米大小，例如在展览会上厂家使用的广告小画面。输出机型如HP5000，一般是1.5m的最大幅宽。写真机使用的介质一般是PP纸、灯片，墨水使用水性墨水。在输出图像完毕后还要覆膜、裱板才算成品；输出分辨率可以达到300~1200点/尺寸（机型不同会有不同的），色彩比较饱和、清晰。

技巧2：制作正方形图像

使用【矩形选框工具】制作正方形图像的步骤如下。

1 打开【裁切】对话框	**2** 完成裁切
打开随书光盘中的"素材\ch02\图07.jpg"文件，在工具箱中选择【矩形选框工具】，在属性栏里把【样式】设置为【正常】（这是Photoshop的默认设置），按住【Shift】键在图像里拖曳鼠标，就可以画出任意大小的正方形选框。	把选框用鼠标移动到合适的位置后选择【图像】▶【裁剪】命令，选框以外的部分就被"剪掉"了，剩下的图像就是正方形的。

第 3 章

图像选区

 本章视频教学时间：2 小时 36 分钟

在Photoshop中，不论是绘图还是图像处理，图像的选取都是操作的基础。本章将针对Photoshop中常用的选取工具进行详细的讲解。

【学习目标】

通过本章的学习，读者可以了解 Photoshop CS6 图像的处理。

【本章涉及知识点】

认识选区

选区的编辑

选择工具、命令

抠图实例

3.1 认识选区

本节视频教学时间：2分钟

一般情况下，要想在Photoshop中绘图或者修改图像，首先要选取图像，然后就可以对被选取的区域进行操作。这样即使你误操作了选区以外的内容也不会破坏图像，因为Photoshop不允许对选区以外的内容进行操作。灵活地使用多种选取工具可以创造出非常精确的选区，而运用选区对图像进行编辑可以变化出多种视觉效果，例如图像变形和透视效果等。掌握选取工具的使用方法是进行Photoshop操作的关键环节。

3.2 实例1——选区的基本操作

本节视频教学时间：16分钟

使用各种选取工具可以创建选区，也可对已生成的选区可以做进一步调整，如反选选区、添加选区、减去选区、隐藏选区或移动选区等。

3.2.1 快速选择选区与反选选区

1. 全选画布为选区

选择【选择】▶【全选】菜单命令，可以将当前画布选为选区。同时也可以按【Ctrl+A】组合键完成全选画布操作。

2. 反选选区

如果要对选区外的图像进行操作，可以执行反选操作，将选区外的图像归入选区。

1 将人物选为选区	2 人物以外的图像被删除
打开随书光盘中的"素材\ch03\图01.jpg"文件，使用【磁性套索工具】将人物选为选区。	选择【选择】▶【反向】菜单命令，将人物以外的图像选为选区，也可以按【Ctrl+Shift+I】组合键执行反选操作。按【Delete】键对选区执行删除操作，人物以外的图像被删除。

3.2.2 取消选择和重新选择

选择的选区不合适，或对选区内的内容操作完成，要取消选择时，可以选择【选择】▶【取消选择】菜单命令撤销选区，也可以按【Ctrl+D】组合键完成该操作。

如果要对撤销的选区重新选择，可以选择【选择】▶【重新选择】菜单命令实现，也可以按【Ctrl+Shift+D】组合键完成该操作。

3.2.3 添加选区与减去选区

选区生成后并不一定能满足需求，可能还要对已有选区进行扩充或者缩减。

1. 添加选区

1 将花的背景选为选区

打开随书光盘中的"素材\ch03\图02.jpg"文件，使用【魔棒工具】将花的背景选为选区，将【魔棒工具】的【容差】参数设置为"50"，单击选中【连续】复选框，然后单击小花背景，但背景并没有全部划入选区。

2 把背景全部添加到选区中

按下选区属性栏的【添加到选区】按钮，鼠标指针变为魔棒形，且左下角有"+"号，此时在未加入选区的背景图像上单击，可扩充选区。多次单击鼠标，即可将所有未加入选区的背景全部添加到选区中。

2. 减去选项

1 去掉多余的选区

如下图所示，小花的左上侧有一部分叶子误添加到了选区中，需要将这部分选区去掉。

2 查看效果

按下选区属性栏的【从选区减去】按钮，鼠标指针变为魔棒形，且左下角有"–"号，此时在已加入选区的背景图像上单击，可缩减选区。多次单击鼠标，便可将多余选区去掉。

3.2.4 羽化选区

通过羽化选区，可以对选区的边缘执行模糊效果，具体效果演示如下。

1 输入适当的羽化值	**2 查看效果**

右击选区，在弹出的快捷菜单中选择【羽化】命令，弹出【羽化选区】对话框，在【羽化半径】文本框中输入适当的羽化值。

　　【羽化半径】设置为"10"的羽化效果与【羽化半径】设置为"25"的羽化效果如下图所示。

3.2.5 精确选择选区与移动选区

1. 精确选择选区

很多选取工具都是笼统选择的，如【魔棒工具】，用户可以通过调整参数的方式提高选区的精确度。

1 选择选区	**2 查看效果**

打开随书光盘中的"素材\ch03\图16.jpg"文件，使用【魔棒工具】将白色背景加入选区，设置【魔棒工具】的【容差】为"100"，在空白处单击，选区效果如图所示，显然苹果上颜色较白的地方也被加入了选区。

　　将【容差】设置为"20"，单击后生产选区，苹果未被加入选区，但下方有部分背景没有加入选区。未加入选区的部分可以使用3.3.3小节中介绍的添加选区的方式给予完善。

2. 移动选区

选区选好之后可以移动，直接单击鼠标并拖曳就可以。

3.2.6 隐藏或显示选区

选择【视图】▶【显示】▶【选区边缘】菜单命令，可以对选区进行隐藏和再显示操作。

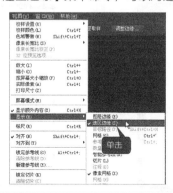

3.3 实例2——选区的编辑

本节视频教学时间：15分钟

选区选择好之后，可以进行编辑，如变换选区、存储选区及描边选区等。

3.3.1 选区图像的变换

选择好选区后，可以对选区中的图像做变换操作，包括缩放、旋转、扭曲等。例如选择【编辑】▶【变换】菜单命令可以完成图像变换操作，也可以选择【编辑】▶【自由变换】菜单命令。

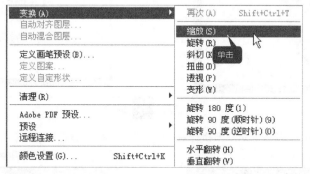

打开随书光盘中的"素材\ch03\12.jpg"文件，使用【魔棒工具】选择白色区域，然后按【Ctrl+Shift+I】组合键执行反选，即可选中图中草莓。下面分别对选中的选区做各种变换操作。

1 缩放

通过拖曳4个角和4条边的节点，可以对选区中的图像执行缩放操作。按住【Shift】键拖曳可执行长款等比例缩放，按住【Alt】键拖曳可执行以圆点为中心对称缩放。

2 旋转

将鼠标指针放到4个顶点时，鼠标指针会变成两端带箭头的弧形，此时拖曳鼠标方可执行旋转操作。

3 斜切

将鼠标指针放到四条边上时，鼠标指针变为▷形状，上下或左右拖曳鼠标指针，可以使图像实现斜切变形。

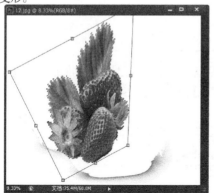

4 扭曲

将鼠标指针放到4个顶点时，指针变成黑色箭头，拖曳后可挪动当前顶点，使图像形成扭曲变形。

5 透视

拖曳选区顶点，会以当前方向对图像执行对称缩放，缩放后使图像有透视效果。

6 变形

选择变形后，图像中会出现网格，在网格中拖曳鼠标，会使图像出现扭曲变形。

3.3.2 存储和载入选区

有些图像的选区选择起来很麻烦，好不容易选择的选区，一旦撤消极为可惜。如果在以后的操作中还需要使用，可以先将其存储起来，具体操作步骤如下。

1 输入存储选区的名称	**2** 打开【通道】面板
选择好选区后，选择【选择】▶【存储选区】菜单命令，弹出【存储选区】对话框，在【名称】文本框中输入存储选区的名称后单击【确定】按钮。	打开【通道】面板，新存储的选区即出现在通道下方。

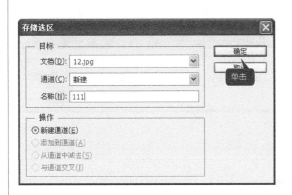

3.3.3 描边选区

选择好选区后，可以对选区执行描边操作。具体操作步骤如下。

1 打开素材	**2** 设置描边
打开随书光盘中的"素材\ch03\12.jpg"文件，使用【魔棒工具】和【反向】命令将草莓选为选区。	选择【编辑】▶【描边】菜单命令，弹出【描边】对话框，在【宽度】文本框中输入"100"，单击【颜色】后的色条可以设置颜色，【位置】选项组设置的是描边出现在选区边缘的位置，本实例采用居中，单击【确定】按钮后，选区边缘即出现描边效果。

3.3.4 羽化选区边缘

选择【羽化】命令，可以通过羽化使硬边缘变得平滑，其具体操作如下。

1 建立椭圆形选区

打开随书光盘中的"素材\ch03\12.jpg"文件，使用【椭圆工具】在图像中建立一个椭圆形选区。

2 在【羽化半径】文本框中输入数值

选择【选择】▶【修改】▶【羽化】菜单命令，弹出【羽化选区】对话框。在【羽化半径】文本框中输入数值，其范围是"0.2～255"，然后单击【确定】按钮。

3 反选选区

选择【选择】▶【反向】菜单命令，反选选区。

4 取消选区

选择【编辑】▶【清除】菜单命令，然后按【Crl+D】组合键取消选区。清除反选选区后的效果如下图所示。

 工作经验小贴士

如果选区小，而【羽化半径】过大，小选区则可能变得非常模糊，以至于看不到其显示，因此系统会出现【任何像素都不大于50%选择】的提示，此时应减小【羽化半径】或增大选区大小，或者单击【确定】按钮，接受蒙版当前的设置并创建看不到边缘的选区。

3.3.5 扩大选取与选取相似

1. 扩大选取

使用【扩大选取】命令可以选择所有和现有选区颜色相同或相近的相邻像素。

1 创建矩形选框	2 选择【扩大选取】菜单命令
打开随书光盘中的"素材\ch03\图16.jpg"文件，选择【矩形选框工具】，在黄色区域中创建一个矩形选框。 	选择【选择】▶【扩大选取】菜单命令，即可看到与矩形选框内颜色相近的相邻像素都被选中了。可以多次执行此命令，直至选择了合适的范围为止。 

2. 选取相似

使用【选取相似】命令可以选择整个图像中与现有选区颜色相邻或相近的所有像素，而不只是相邻的像素。

1 创建椭圆选区	2 选择【选取相似】菜单命令
选择【椭圆选框工具】，在黄色苹果上创建一个椭圆选区。 	选择【选择】▶【选取相似】菜单命令，这样包含于整个图像中的与当前选区颜色相邻或相近的所有像素就都会被选中。 

3.4 实例3——创建选区的工具、命令

本节视频教学时间：24分钟

在处理图像的过程中，首先需要学会如何创建选区。在Photoshop CS6中对图像的选取可以通过多种选取工具，下面各图所示分别为通过不同的选取工具来创建选区的图像效果。

矩形选框工具

椭圆选框工具

3.4.1 选框工具

选框工具有【矩形选框工具】、【椭圆选框工具】、【单行选框工具】、【单列选框工具】。

1.【矩形选框工具】和【椭圆选框工具】

(1)【矩形选框工具】主要用于选择矩形的图像，是Photoshop CS6中比较常用的工具。使用该工具仅限于选择规则的矩形，不能选取其他形状。

(2)【椭圆选框工具】用于选取圆形或椭圆形的图像。

2.【单行选框工具】和【单列选框工具】

(1)【单行选框工具】用于选取一个像素大小的单行图像。

(2)【单列选框工具】用于选取一个像素大小的单列图像。

3.4.2　钢笔工具

使用【钢笔工具】可以载入选区，从而创建选区，具体操作方法如下。

1　打开素材

打开随书光盘中的"素材\ch03\11.jpg"文件。

2　使用【钢笔工具】描点

单击工具箱中的【钢笔工具】按钮，选择属性栏的【排除重叠形状】命令，然后使用【钢笔工具】描点。

3　清除手柄

由于下一个节点在转角位置，需要将上个点的方向线手柄去掉，按住【Alt】键单击上一个描点，方向线手柄即被清除。

4　单击闭合路径

依照上述步骤继续描点，如果描点错误可以按【Ctrl+Z】组合键撤消操作，终点和起点重合时，鼠标指针右下角会有一个圆圈，单击即可闭合路径。

5	打开【路径】面板

路径闭合后，杯子被添加到了闭合路径中，打开【路径】面板，单击下方的【将路径作为选区载入】按钮。

6	查看选区效果

路径变成蚂蚁线，选区生成。

3.4.3 磁性套索工具和魔棒工具

1. 磁性套索工具

常见的套索工具有【套索工具】、【多边形套索工具】和【磁性套索工具】。普通的【套索工具】可以通过拖曳鼠标在图像上任意绘制一个不规则的选区；【多边形套索工具】可以通过多次单击绘制多边形选区；而【磁性套索工具】可以智能地自动选取，特别适用于快速选择与背景对比强烈而且边缘复杂的对象。

(1) 使用【套索工具】获得选区的效果如下图。

(2) 使用【磁性套索工具】获得选区的效果如下左图。

(3) 使用【多边形套索工具】获得选区的效果如下右图。

2. 魔棒工具

使用【魔棒工具】可以自动地选择颜色一致的区域，不必跟踪其轮廓，特别适用于选择颜色相近的区域。

工作经验小贴士

不能在位图模式的图像中使用【魔棒工具】。

3.4.4 蒙版工具

使用【快速蒙版工具】也可以生成特殊选区。

1 将未选区域蒙上红色

打开随书光盘中的"素材\ch03\图01.jpg"文件。使用【椭圆选框工具】将人物选为选区，单击工具栏中的【以快速蒙版模式编辑】按钮，椭圆选区外的未选区域被蒙上红色。

2 取消快速蒙版

使用【橡皮擦工具】在红色区域绘制形状。单击工具栏中的【以标准模式编辑】按钮，取消快速蒙版，图像中即得到新的选区。

3.4.5 【抽出】滤镜命令

使用【抽出】对话框中的工具可指定要抽出图像的部分。默认Photoshop CS6中没有安装【抽出】滤镜，可以到官网下载组件安装包。

1 弹出【抽出】对话框

打开随书光盘中的"素材\ch03\图01.jpg"文件。选择菜单栏【滤镜】▶【抽出】菜单命令，弹出【抽出】对话框。

2 调整画笔大小

当前鼠标指针显示为画笔工具，在图像中绘制一个需要作为选区的闭合区域。可以在右侧【工具选项】中调整画笔的大小。

| 3 | 为闭合区域填充颜色 | 4 | 查看效果 |

使用左侧工具栏中的【填充工具】为闭合区域填充颜色，单击【确定】按钮，执行抽出操作。

抽出结束后除了闭合选区内的图像外，其他图像被直接删除。

3.4.6 快速选择工具和调整边缘

【快速选择工具】可以更加快捷地进行选取操作。直接单击并在图像中拖曳鼠标，就可以将相似颜色的区域选中，如下图为使用【快速选择工具】在墙面上拖曳，很轻松地就将照片的背景墙选中了。

选择好选区后，如果对选中的选区不满意，选择【选择】▶【调整边缘】菜单命令，弹出【调整边缘】对话框，可对选区的边缘做调整，包括边缘半径、平滑、羽化等选项。

3.4.7 【色彩范围】命令

使用【色彩范围】命令可以对图像中的现有选区或整个图像内需要的颜色或颜色子集进行选择。

颜色子集是对一种颜色进行编码的方法，也指一个技术系统能够产生的颜色的总和（不同的色域产生出的颜色多少各有不同）。在计算机图像处理中，色域是颜色的某个完全的子集（就是将颜色写成显示器和显卡能够识别的程式来描述）。颜色子集最常见的应用是用来精确地代表一种给定的情况，简单地说就是一个给定的色彩空间（RGB/CMYK等）范围。

1 弹出【色彩范围】对话框	**2** 单击【确定】按钮
选择【选择】▶【色彩范围】菜单命令，弹出【色彩范围】对话框，鼠标指针变成了吸管状。	在图像窗口中调整【容差】和【范围】值确定选区的颜色范围和选区在图像中的区域范围，单击【确定】按钮，即可获得选区。

3.4.8 通道工具

打开图像，打开【通道】面板，单击【将通道作为选区】按钮，便会自动将图形中灰度在127以上的区域作为选区。

3.5 实例4——矩形选框工具和椭圆选框工具

本节视频教学时间：53分钟

矩形选框工具和椭圆选框工具可以绘制各种规则的图形选区，下面介绍矩形选框工具和椭圆选框工具的使用方法。

3.5.1 用【矩形选框工具】选择照片

很多图片拍摄完成后所摄取的效果并不一定完美，可能会拍摄到不需要或影响效果的内容，可以使用【矩形选框工具】将满意的图像区域加入选区，然后将其他区域删除。

1 打开素材

打开随书光盘中的"素材\ch03\图17.jpg"文件，小女孩在图像中的位置显得偏下。

2 删除多余图像

使用【矩形选框工具】选择需要保留的图像区域。选择【选择】▶【反选】菜单命令，对选区执行反选，然后按【Delete】键，删除多余图像。

3.5.2 椭圆选框工具

椭圆选框工具的使用方法如下。

1 打开素材

打开随书光盘中的"素材\ch03\图18.jpg"文件。

2 在女孩头部画一个椭圆

使用【椭圆选框工具】在女孩头部画一个椭圆，在属性栏中设置羽化值为"20"。

3 删除多余图像

选择【选择】▶【反选】菜单命令，反向选择图像，按【Delete】键，删除多余图像。

4 打开素材

打开随书光盘中的"素材\ch03\图02.psd"文件。

5 使新建图层置于第二层

将步骤3中剩余的图像拖放到"图02.psd"文件中，并使新建图层置于第二层。

6 调整女孩头像大小及位置

选中女孩头像图层，选择【编辑】▶【自由变换】菜单命令，调整女孩头像大小及位置。

3.5.3 用【椭圆选框工具】设计光盘封面

家庭摄影、录像已经普及，为了妥善保存影音视频，可以将其制作成光盘。为了使光盘美观，便于记忆，可以为光盘制作一个简易的封面，具体操作方法如下。

第1步：制作光盘封面模型

1 新建"光盘封面"文档

选择【文件】▶【新建】菜单命令，弹出【新建】对话框，在【名称】文本框中输入"光盘封面"，【宽度】和【高度】都设置为"12厘米"，【分辨率】为"200像素/英寸"，【背景内容】为"透明"，单击【确定】按钮。

2 调出标尺

选择【视图】▶【标尺】菜单命令，或者使用【Ctrl+R】组合键调出标尺。如图中所示，标尺显示的不是厘米，而是像素。为了方便操作，需要将标尺单位改为厘米。

3 将标尺单位改为厘米

双击标尺，弹出【首选项】对话框，默认显示【单位与标尺】选项界面，将右侧【单位】区域中的【标尺】改为厘米，单击【确定】按钮。

4 绘制参考线

单击标尺并拖曳，可以绘制出参考线，横向和纵向分别在"4"、"6"、"8"厘米处添加参考线，如图所示。

5	选择【椭圆选框工具】并设置

选择工具箱中的【椭圆选框工具】，在属性栏中设置【羽化】值为"0像素"，在【样式】下拉菜单中选择【固定大小】选项，【宽度】和【高度】分别设置为"12厘米"。按【Alt】键，单击纵横6厘米参考线的交点，产生一个圆形选区。

6	绘制直径为4厘米的选区

单击属性栏中的【从选区减去】按钮，然后依照上述方法，绘制一个直径为4厘米的选区，如图所示。

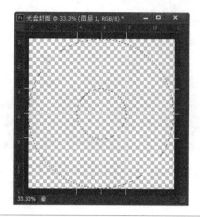

7	对选区进行反选操作

选择【视图】▶【清除参考线】菜单命令，将参考线清除。再选择【选择】▶【反向】菜单命令，对选区进行反选操作。

8	将选区填充为白色

选择工具箱中的【油漆桶工具】，将选区填充为白色。

选区填充为白色

第2步：美化光盘封面

1	拖放图像

使用【Ctrl+D】组合键撤销选区。打开随书光盘中的"素材\ch03\图19.jpg"文件，使用【移动工具】将图像移动到"光盘封面"文件中，产生一个新图层【图层2】。

2	对女孩图像进行大小及位置调整

选择图层2，选择【编辑】▶【自由变换】菜单命令，或按【Ctrl+T】组合键，对女孩图像进行大小及位置调整，调整后如图所示。

3 删除白色区域	4 保存图片

使用【横排文字工具】在图像中适当的位置添加文字，然后选择【图层】▶【合并可见图层】菜单命令，将所有图层合并。使用【魔棒工具】选择白色区域，进行删除，得到如图所示效果。

选择【文件】▶【存储为】菜单命令，弹出【存储为】对话框，将文件保存为PNG格式。

3.5.4 综合运用选择工具设计时钟

综合利用选择工具可以制作各种图像，下面演示设计时钟的操作步骤。

第1步：创建钟表背景

1 选择【新建】菜单命令	2 选择【百分比】命令

选择【文件】▶【新建】菜单命令，弹出【新建】对话框，创建2400像素×1800像素的文件，采用默认背景色，单击【确定】按钮。

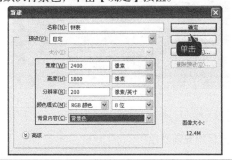

按【Ctrl+R】组合键，为图像添加标尺。右击标尺，在弹出的快捷菜单中选择【百分比】命令。

3 将参考线置于50%处	4 设置渐变颜色

使用鼠标从左、上标尺中拖出两条参考线，并将参考线置于50%处。

按【Ctrl+A】组合键，将整个图层定位选区，选择工具箱中的【渐变工具】，单击属性栏中的渐变条，弹出【渐变编辑器】对话框，设置渐变颜色为浅蓝至深蓝，单击【确定】按钮。

5 在图像中绘制渐变

单击属性栏的【径向的渐变】按钮 ![icon]，在图像中绘制渐变，得到如下图所示的效果。

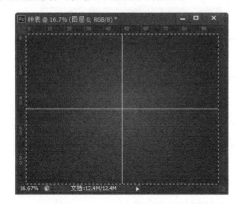

6 将素材拖放到钟表文件中

打开随书光盘中的"素材\ch03\木质花纹.jpg"文件，使用工具栏【移动工具】将其拖放到钟表文件中，产生新图层，并对其进行自由变换。

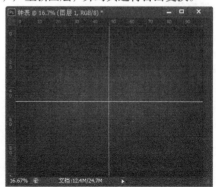

7 调整木质亮度

选择【编辑】▶【调整】▶【亮度/对比度】菜单命令，弹出【亮度/对比度】对话框，调整亮度，使木质图层发亮。

8 将木质图层的不透明度调整为50%

将木质图层的不透明度调整为50%，得到如图所示的效果。

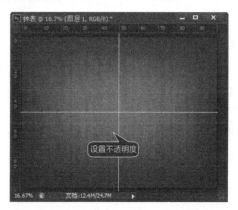

第2步：构建钟表表面外形

1 使用鼠标画圆

新建一个图层，命名为"钟表面"，选择【椭圆选框工具】，按【Alt +Shift】组合键，从参考线交叉点起拖一个圆出来。

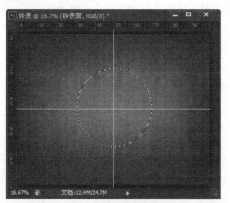

2 为选区填充前景色

按【D】键，将前景色和布景色调整为PS默认颜色，使用【填充工具】为选区填充前景色，然后按【Ctrl+D】组合键取消选区。

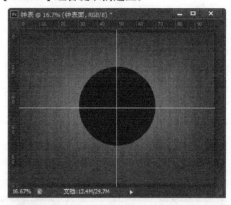

3 设置图层样式

双击钟表面图层，弹出【图层样式】对话框，选中【投影】样式，调整【不透明度】为"65%"，【距离】为"15像素"，【大小】为"25像素"。

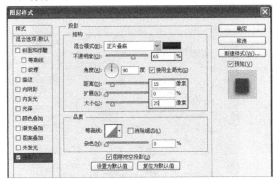

4 设置【内阴影】样式

单击选中【内阴影】复选框，【混合模式】为"正片叠底"，【不透明度】为"65%"，【阻塞】为"12%"，【大小】为"12像素"。

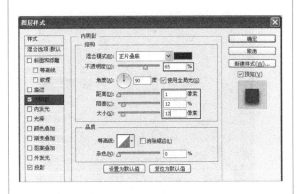

5 设置【内发光】样式

单击选中【内发光】复选框，【混合模式】为"线性加深"，颜色为"红色"，【大小】为"35像素"。

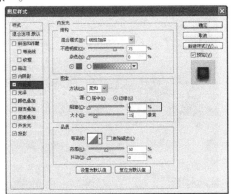

6 设置【斜面和浮雕】样式

单击选中【斜面和浮雕】复选框，【样式】为"内斜面"，【方法】为"雕刻清晰"，【大小】为"25像素"。

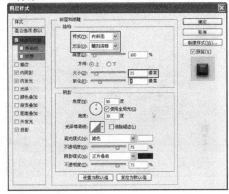

7 设置【渐变叠加】样式

单击选中【渐变叠加】复选框，设置渐变颜色为红色到深红。单击【确定】按钮。

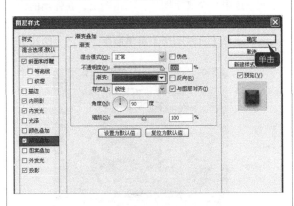

8 查看效果

图层样式调整完成，结果如下图所示。

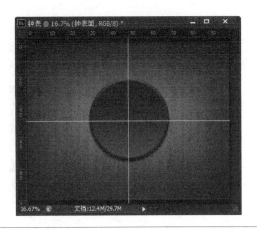

第3步：添加时刻

1 添加文字

选择工具箱中的【横排文字工具】，添加文字，内容为"00"。

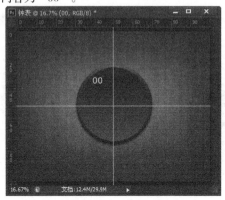

2 使"00"位于钟表的中轴线上

选中00图层和钟表面图层，再选择【图层】▶【对齐】▶【水平居中】菜单命令，使"00"位于钟表的中轴线上。

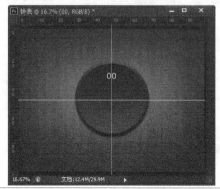

3 按【Ctrl+T】组合键

选择00图层，按【Ctrl+T】组合键，对文字进行自由变换。

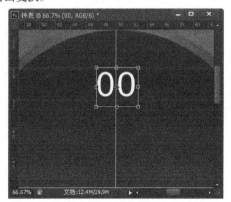

4 呈30度角旋转

按【Alt】键，将中心点托放到参考线交点，设置属性栏中的角度值为"30度"，图像中的00以参考线角度为轴心，呈30度角旋转。

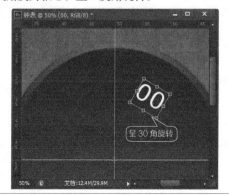

5 复制00

重复按【Ctrl+Shift+Alt+T】组合键11次，顺时针30度角复制00，得到如下图所示的效果。

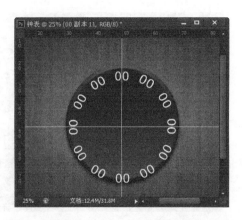

6 合并图层

分别调整每个图层中的数值，并使用【Ctrl+T】组合键自由变换调整角度和位置。调整完成后选中12个文字图层，右击图层，在弹出的快捷菜单中选择【栅格化文字】命令，再次单击鼠标右键，选择【合并图层】菜单命令，将产生的12个文字图层合并为一个图层。

7 设置图层样式

双击合并的图层，弹出【图层样式】对话框，分别设置【外发光】、【斜面和浮雕】和【渐变叠加】样式，单击【确定】按钮。

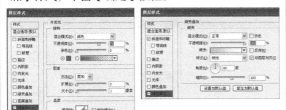

8 查看效果

最终的效果如下图所示。

第4步：添加时针

1 绘制钟表时针形状

新建图层，使用【钢笔工具】在图层中绘制钟表时针形状。

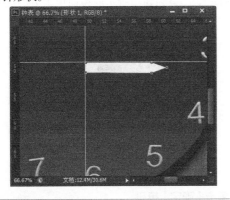

2 使时针左侧固定在表心

右击上步中绘制的形状1，在弹出的快捷菜单中选择【栅格化形状】菜单命令，然后按【Ctrl+T】组合键，对时针做变形操作，拉伸移动到如图所示位置，使时针左侧刚好可以固定在表心。

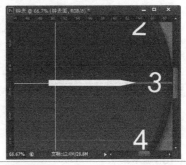

3 设置图层样式

双击时针图层，弹出【图层样式】对话框，设置【投影】、【外发光】和【斜面和浮雕】等样式效果。

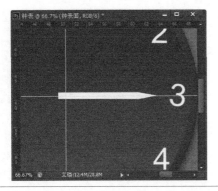

4 复制时针图层

按【Ctrl+J】组合键，复制时针图层，生成时针副本，按【Ctrl+T】组合键，对图形进行自由变换。按【Alt】键拖曳中心到参考线交点，并顺时针旋转到合适位置，得到如下图所示的效果。

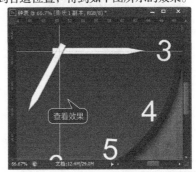

5 以参考线交点为起点绘制圆形

新建图层，命名为表心，选择【椭圆选框工具】，按【Alt+Shift】组合键，以参考线交点为起点绘制圆形。

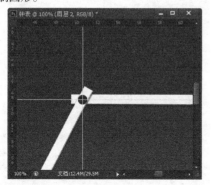

6 设置图层样式

双击表心图层，弹出【图层样式】对话框，分别设置【投影】、【外发光】、【渐变叠加】等样式，然后单击【确定】按钮。

第5步：设置表面效果

1 为圆填充白色

新建图层，使用【椭圆选框工具】以参考线交点为起点绘制一个圆，圆略小于钟表面层中圆的大小，为圆填充白色，并调整【不透明度】，得到如下图所示的效果。

2 在蒙版中添加黑白渐变

新建图层，依照上一步绘制同样的圆，按【Ctrl+T】组合键，对新图层中的圆做自由变换操作，使其位于表面中的上方。单击【图层】面板下方的【添加蒙版】按钮，在蒙版中添加自下而上的黑白渐变，得到如图所示的镜面中上方的高光效果。

3 选中【105毫米聚焦】单选项

新建图层，依照上述步骤绘制同样的圆，填充黑色，选择【滤镜】▶【渲染】▶【镜头光晕】菜单命令，弹出【镜头光晕】对话框，单击选中【105毫米聚焦】单选项，单击【确定】按钮。

4 单击【确定】按钮

双击上一步中的图层，弹出【图层样式】对话框，设置【混合模式】为【滤色】，单击【确定】按钮返回图像界面，得到如下图所示高光加强的最终效果。

3.6 实例5——套索选择工具

本节视频教学时间：8分钟

套索选择工具是最常用的选择选区的工具，下面分别介绍三种套索工具的应用。

3.6.1 用【套索工具】选择选区

应用【套索工具】可以以手绘形式随意地创建选区。

1. 使用【套索工具】创建选区

1 打开素材	2 选择【套索工具】
打开随书光盘中的"素材\ch03\图04.jpg"文件。 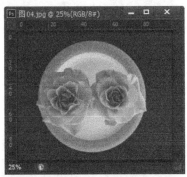	选择工具箱中的【套索工具】。 
3 拖移出需要选择的区域	4 复制花朵
单击图像上的任意一点作为起始点，按住鼠标左键拖曳出需要选择的区域，到达合适的位置后释放鼠标，选区将自动闭合。 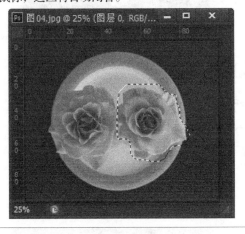	按住【Ctrl+Alt】键拖曳鼠标可以将选区内的花朵任意复制，使其铺满盘子。 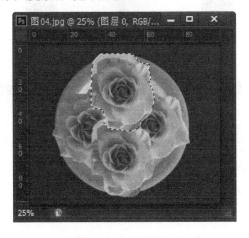

2.【套索工具】的使用技巧

(1) 在使用【套索工具】创建选区时，如果释放鼠标时起始点和终点没有重合，系统会在它们之间创建一条直线来连接选区。

(2) 在使用【套索工具】创建选区时，按住【Alt】键然后释放鼠标左键，可切换为【多边形套索工具】，移动鼠标指针至其他区域单击可绘制直线，释放【Alt】键可恢复为【套索工具】。

3.6.2 用【多边形套索工具】选择选区

使用【多边形套索工具】可绘制直线边框，适合选择多边形选区。使用【多边形套索工具】创建选区的具体操作如下。

1 打开素材

打开随书光盘中的"素材\ch03\图05.jpg"文件。

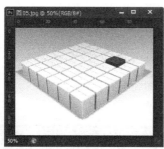

2 选择【多边形套索工具】

选择工具箱中的【多边形套索工具】。

3 在边缘单击选择不同的点

单击长方体上的一点作为起始点，然后依次在长方体的边缘单击选择不同的点，最后汇合到起始点或者双击鼠标就可以自动闭合选区。

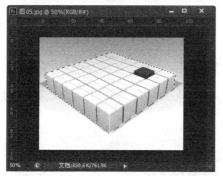

4 设置前景色为黑色

设置前景色为黑色，然后选择【选择】▶【反向】菜单命令反选背景，然后按【Alt+Delete】组合键为选区填充为黑色。

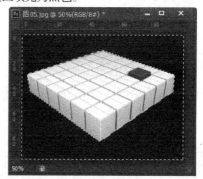

3.6.3 用【磁性套索工具】选择选区

【磁性套索工具】可以智能地自动选取，特别适用于快速选择与背景对比强烈而且边缘复杂的对象。使用【磁性套索工具】创建选区的具体操作如下。

1 打开素材

打开随书光盘中的"素材\ch03\图06.jpg"文件。

2 选择【磁性套索工具】

选择工具箱中的【磁性套索工具】。

3 确定第一个紧固点

在图像上单击以确定第一个紧固点。如果想取消使用【磁性套索工具】，可按【Esc】键。将鼠标指针沿着要选择图像的边缘慢慢地移动，选取的点会自动吸附到色彩差异的边沿。

4 闭合选框

拖曳鼠标使线条移动至起点，鼠标指针会变为形状，单击即可闭合选框。

5 选择【从选区中减去】选项

在【磁性套索工具】属性栏中单击【从选区中减去】按钮，然后使用同样的方法来选择心形图像的内部区域。

6 调整图像大小和位置

选择【编辑】▶【自由变换】菜单命令，调整图像大小，然后按住【Ctrl+Alt】组合键复制心形并调整位置，可造成"心心相印"的效果。

最终效果

3.7 实例6——魔棒工具与快速选择工具

📽 本节视频教学时间：6分钟

魔棒和快速选择工具有智能选择的特性，在选择颜色相近的区域时比较实用。

3.7.1 用【魔棒工具】选择选区

使用【魔棒工具】可以自动地选择颜色一致的区域，不必跟踪其轮廓，特别适用于选择颜色相近的区域。

需要注意的是不能在位图模式的图像中使用【魔棒工具】。

1. 使用【魔棒工具】创建选区

1　打开素材	2　单击想要选取的颜色

打开随书光盘中的"素材\ch03\图07.jpg"文件。

选择工具箱中的【魔棒工具】，在图像中单击想要选取的颜色，即可选取相近颜色的区域。

2.【魔棒工具】基本参数

使用【魔棒工具】时可对以下参数进行设置。

(1)【容差】文本框

在【容差】文本框中可以设置色彩范围，输入值的范围为0~255，单位为"像素"。输入较高的值可以选择更宽的色彩范围。

容差：20　　　　　　　　　　　容差：50

(2)【消除锯齿】复选框

若要使所选图像的边缘平滑，可选中【消除锯齿】复选框，参数设置可参照【椭圆选框工具】参数设置。

(3)【连续】复选框

【连续】复选框用于选择相邻的区域。选中【连续】复选框时，只能选择具有相同颜色的相邻区域；撤消选中则可使具有相同颜色的所有区域图像都被选中。

(4)【对所有图层取样】复选框

要在所有可见图层的图像中选择颜色,则可单击选中【对所有图层取样】复选框;否则【魔棒工具】将只能从当前图层中选择图像。如果图像不止一个图层,则可单击选中【对所有图层取样】复选框。

1 打开素材	**2** 选择【图层2】中的图像
打开随书光盘中的"素材\ch03\图08.psd"文件。 	选择【图层2】图层,撤消选中【对所有图层取样】复选框,使用【魔棒工具】单击选择【图层2】中的图像。单击选中【对所有图层取样】复选框,使用【魔棒工具】单击选择【图层2】中的图像。 

3.7.2 用【快速选择工具】选择选区

【快速选择工具】可以更加方便快捷地进行选取操作了。

使用【快速选择工具】创建选区的具体操作如下。

1 打开素材	**2** 选择【快速选择工具】
打开随书光盘中的"素材\ch03\图09.jpg"文件。 	选择工具箱中的【快速选择工具】。 
3 选取相近颜色的区域	**4** 继续加选
设置合适的画笔大小,在图像中单击想要选取的颜色,即可选取相近颜色的区域。 	如果需要继续加选,单击■按钮后继续单击或者双击进行选取即可。 

3.8 实例7——【调整边缘】命令

 本节视频教学时间：13分钟

使用【调整边缘】命令可以对选区进行更细致的调整，如调整选区边缘、羽化选区等。下面介绍两个实例，帮助读者更进一步地了解【调整边缘】命令的用法。

3.8.1 使用【调整边缘】命令抠毛发

结合使用【调整边缘】命令可以在复制的图像中抠出细致复杂的毛发。如将一直小猫从图像背景中抠出，具体操作步骤如下。

1 打开素材

打开随书光盘中的 "素材\ch03\毛发抠除.jpg" 文件。选择工具箱中的【快速选择工具】，在小猫上拖曳选择小猫为选区。

2 弹出【调整边缘】对话框

单击属性栏中的【调整边缘】按钮，弹出【调整边缘】对话框，调整【半径】和【移动边缘】值，扩大选区范围，使小猫的毛全部在选区中，图中小猫眼睛部位选区减少，可以使用【矩形选框工具】将眼睛部位重新加入选区。

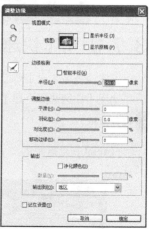

3 使皮毛完整的容纳在选区中

重复步骤2的操作，使小猫的皮毛更细致、完整地容纳在选区中。

4 使图像变成黑白效果

按【Ctrl+J】组合键，复制选区中的图像，生成两个新图层。设置【背景】和【图层1副本】图层不可见，选择图层1，再选择【图像】▶【调整】▶【去色】菜单命令，使图像变成黑白效果。

5	选择【亮度/对比度】菜单命令

选择【图像】▶【调整】▶【亮度/对比度】菜单命令，调整【亮度】和【对比度】参数，使小猫的毛与杂边颜色差别更大。

6	为图层2填充深蓝色

单击【图层】面板下方的【新建图层】按钮，新建【图层2】，置于【图层1】下方，使用【填充工具】为【图层2】填充深蓝色。

7	用橡皮擦擦除杂边

使用【橡皮擦工具】将小猫的选区的杂边擦除，擦除时可适当调整橡皮擦的【大小】和【不透明度】，得到如下图所示的效果，基本看不出小猫有深色杂边。

8	查看效果

选择【图层1副本】，使其显示可见，单击【图层】面板下方的【添加矢量蒙版】按钮，并使用【画笔工具】涂抹【图层1副本】中小猫的杂边，可适当调整【画笔工具】的【大小】和【不透明度】。最终得到纯色背景、无杂边的小猫。

3.8.2 【调整边缘】命令输出方式

【调整边缘】命令不但可以对选区进行细致调整，还可以指明选区的输出方式，主要的输出方式有【选区】、【图层蒙版】、【新建图层】、【新建带有图层蒙版的图层】、【新建文档】和【新建带有图层蒙版的文档】。

1 打开素材

打开随书光盘中的"素材\ch03\12.jpg"文件。选区的输出是默认输出方式，这里不做介绍，下面使用其他几种输出方式对"12.jpg"文件中的选区执行操作。

2 图层蒙版

原先的草莓选区会生成选区蒙版。

3 新建图层

会新建图层，并将选区中的图像复制到新建图层中。

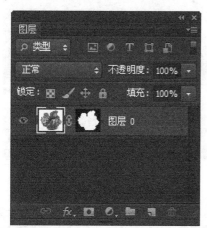

4 新建带有图层蒙版的图层

执行上一种方式的基础上，再将新图层中的选区生成蒙版。

5	新建文档

新建文档，将选区中的图像复制到新的文档中。

6	新建带有图层蒙版的文档

在执行上一种方式的基础上，新文件中对选区生成蒙版。

3.9 实例8——抠图实例

本节视频教学时间：19分钟

抠图在图像处理中使用比较普遍，下面介绍几个典型的抠图实例，系统讲解抠图的方法及技巧。

3.9.1 发丝抠图

发丝是非常细的，所以在抠图时使用普通的磁性套索、魔棒工具等并不能准确地抠出发丝。下面将具体介绍发丝抠图的方法及技巧。

1	打开素材

打开随书光盘中的"素材\ch03\秀发.jpg"文件。

2	设置【计算】对话框

选择【图像】▶【计算】菜单命令，弹出【计算】对话框，在【源1】区域的【通道】下拉列表中选择"蓝"，单击选中【反相】复选框；在【源2】区域的【通道】下拉列表中选择"灰色"，单击选中【反相】复选框；【混合】模式选择"相加"，调整【补偿值】为"-100"，单击【确定】按钮。

3 图像中的人物呈现高度曝光效果

打开【通道】面板窗口，产生新的Alpha 1通道。返回图像界面，图像中的人物呈现高度曝光效果，如图所示。

4 在【通道】下拉列表中选择Alpha 1

选择【图像】▶【调整】▶【色阶】菜单命令，弹出【色阶】对话框，在【通道】下拉列表中选择Alpha 1，滑动滑块，使人物发丝边缘更细致。

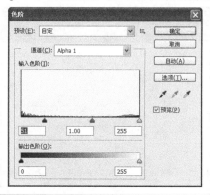

5 设置背景色为白色

选择工具箱中的【橡皮擦工具】，设置背景色为白色，擦除人物轮廓中的黑灰色区域，效果如图所示。

6 单击Alpha 1通道

打开【通道】面板，显示RGB通道，按住【Ctrl】键单击Alpha 1通道，生成如图所示的人物选区。

7 隐藏原始图层0

按【Ctrl+J】组合键，复制选区生成新图层为【图层1】，隐藏原始图层0，得到如图所示的效果。

8 查看效果

新建一个图层，将其放置在【图层1】与【图层0】之间，并填充为蓝色，图像中即可显示出清晰的人物发丝抠图效果。

3.9.2 婚纱抠图

婚纱抠图在摄影棚使用比较频繁，往往会拍摄一些颜色纯净的婚纱照，然后对婚纱照抠图，使其可以应用于各种背景。下面就介绍一个婚纱抠图的实例，具体操作方法如下。

第1步：抠出婚纱照

1 打开素材

打开随书光盘中的"素材\ch03\婚纱.bmp"文件。

2 选择【去色】菜单命令

连续按【Ctrl+J】组合键复制图层，产生两个新图层，设置【图层1副本】不可见，选中【图层1】，选择【图像】▶【调整】▶【去色】菜单命令，如图所示。

3 打开【通道】面板

选择【图层1】，打开【通道】面板，拖曳【绿】通道到【创建新通道】按钮上，得到【绿 副本】通道。

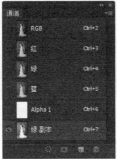

4 弹出【色阶】对话框

选择【图像】▶【调整】▶【色阶】菜单命令，弹出【色阶】对话框，调整滑块，使人物和婚纱变得更亮一些。

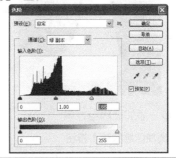

5 生成选区

选中【绿 副本】通道，使用【快速选择工具】和【磁性套索工具】选中人物，生成选区，并设置选区羽化为"1"。

6 单击【确定】按钮

选择【选择】▶【存储选区】菜单命令，弹出【存储选区】对话框，在【名称】文本框中输入"人物"，单击【确定】按钮。

| 7 | 生成新的通道【人物】 |

返回【通道】面板，生成新的通道【人物】，如图所示。

| 8 | 按【Ctrl+D】组合键撤消选区 |

选择【绿 副本】通道，按住【Ctrl】键单击【人物】通道，将人物选区填充为白色，然后按【Ctrl+D】组合键撤消选区，再使用【快速选择工具】和【磁性套索工具】选中背景为选区。

| 9 | 为背景选区填充黑色 |

使用【油漆桶工具】为背景选区填充黑色，如图所示。

| 10 | 查看效果 |

选择【图层1】，按住【Ctrl】键单击【绿 副本】通道，生成如图所示选区。

第2步：添加蒙版与背景

| 1 | 单击【添加图层蒙版】按钮 |

选择【选择】▶【反向】菜单命令，按【Delete】键删除背景，单击【图层】面板下方的【添加图层蒙版】按钮。

| 2 | 选中人物为选区 |

选择【图层1副本】，按住【Ctrl】键单击【人物】通道，选中人物为选区。

3 删除除人物外的其他图像

选择【选择】▶【反向】菜单命令，按【Delete】键删除【图层1】副本中除人物外的其他图像。

4 将图像移动到"婚纱"文件中

打开随书光盘中的"素材\ch03\婚礼背景.jpg"文件，并使用【移动工具】将图像移动到"婚纱"文件中，产生新图层为【图层2】，将【图层2】置于【图层1】下方。按【Ctrl+T】组合键，变形【图层2】中的背景图像，得到如图所示的最终效果。

 # 高手私房菜

技巧1：复制选区图像、粘贴选区图像

在实际操作中经常用到将一个图像中的元素应用到其他图像中的操作，即复制、粘贴的操作，例如以下实例。

1 将人物选为选区

打开随书光盘中的"素材\ch03\10.jpg"文件。使用选区工具将人物选为选区。

2 适当调整参数

选择【选择】▶【调整边缘】菜单命令，弹出【调整边缘】对话框，适当调整参数，使选区边缘更流畅。

3 对复制的选区执行粘贴操作

切换到图像界面，按【Ctrl+C】组合键，对选区执行复制操作，打开随书光盘中的"素材\ch03\11.jpg"文件，在图像界面按【Ctrl+V】组合键，对复制的选区执行粘贴操作。

4 调整人物图像的大小、位置

复制的选区像素较大，按【Ctrl+T】组合键进入图像自由变形模式，调整人物图像的大小和位置。

5 鼠标拖曳自由变形图形的边角

按【Ctrl+Shift】组合键，使用鼠标拖曳自由变形图形的边角，使其有倾斜感，调整完成后按【Enter】键。

6 删除多余选区后的效果

人物图像过高，使用多边形套磁工具，将多余的选区选中，并按【Delete】键删除。删除后，可再适当调整人物图像的位置，调整完成后得到最终效果如图所示。

技巧2：选区图像的精确移动

选择选区后，单击【移动工具】按钮，使用键盘方向键可以对选区执行轻移操作，每次移动一个像素。如果要加快移动速度，可以在移动的同时按住【Shift】键。

第4章

绘制图像

 本章视频教学时间：1 小时 15 分钟

在Photoshop CS6中不仅可以直接绘制各种图像，还可以通过处理各种位图或矢量图从而制作出各种图像效果。本章主要介绍了位图和矢量图的特征以及形状图层、路径和填充像素的区别，还介绍了如何使用画笔工具和形状工具绘制矢量对象。

【学习目标】

通过本章的学习，读者可以掌握绘制图像的方法。

【本章涉及知识点】

了解图像的类型

掌握【画笔工具】和【铅笔工具】的使用

掌握形状工具的使用

掌握使用色彩创作图像的方法

4.1 图像的类型

本节视频教学时间：4 分钟

计算机图像主要分为两类，一类是位图，另一类就是矢量图。Photoshop是典型的位图软件，但它也包含矢量功能，可以创建矢量图形和路径，了解两类图像间的差异对于创建、编辑和导入图片是非常有益的。

4.1.1 位图

位图在技术上称为栅格图像，它由网格上的点组成，这些点称为像素。 在处理位图时，所编辑的是像素，而不是对象或形状。 位图是连续色调图像（如照片或数字绘画）最常用的电子媒介，因为它们可以表现阴影和颜色的细微层次。

在屏幕上缩放位图时，它们可能会丢失细节，因为位图与分辨率有关，它们包含固定数量的像素，并且为每个像素分配了特定的位置和颜色值。 如果在打印位图时采用的分辨率过低，位图可能会呈现锯齿状，因为此时增加了每个像素的大小。

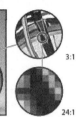

4.1.2 矢量图

矢量图由经过精确定义的直线和曲线组成，这些直线和曲线称为向量。 移动直线、调整其大小或更改其颜色时不会降低图像的品质。

矢量图与分辨率无关，也就是说，可以将它们缩放到任意尺寸，可以按任意分辨率打印，而不会丢失细节或降低清晰度。 因此，矢量图形最适合表现醒目的图形。这种图形（例如徽标）在缩放到不同大小时必须保持线条清晰，如图所示。

4.2 实例1——使用【画笔工具】绘制梦幻背景

本节视频教学时间：17分钟

【画笔工具】是直接使用鼠标进行绘画的工具，绘画原理和现实中的画笔相似。选中【画笔工具】，其属性栏如下图所示。

1. 更改画笔的颜色

通过设置前景色和背景色可以更改画笔的颜色。

2. 更改画笔的大小

在画笔属性栏中单击画笔后面的三角按钮会弹出【画笔预设】面板，如下图所示。在【大小】文本框中可以输入1~2500的数值或者直接通过拖曳滑块更改来更改画笔大小。也可以通过快捷键更改画笔的大小，按【 [】键缩小，按【] 】键可放大。

3. 更改画笔的硬度

在【画笔预设】面板中的【硬度】文本框中输入0~100%的数值或者直接拖曳滑块可以更改画笔硬度。硬度为0%的效果和硬度为100%的效果如下图所示。

0%　　　　　　　　100%

4. 更改笔尖样式

在【画笔预设】面板中可以选择不同的笔尖样式，如下图所示。

5. 设置画笔的混合模式

在画笔的属性栏中通过【模式】选项可以选择绘画时的混合模式。

6. 设置画笔的不透明度

在画笔属性栏的【不透明度】参数框中可以输入1~100%的数值来设置画笔的不透明度。不透明度为20%时的效果和不透明度为100%时的效果分别如下图所示。

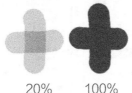

20%　　100%

7. 设置画笔的流量

流量控制画笔在绘画时涂抹颜色的速度。在【流量】参数框中可以输入1~100%的数值来设定绘画时的流量。流量为20%时的效果和流量为100%时的效果分别如下图所示。

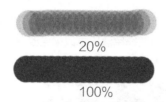

20%

100%

8. 启用喷枪功能

喷枪功能是用来制造喷枪效果的。在画笔属性栏中单击图标，图标为反白时为启动，图标呈现灰色则表示取消该功能。

下面使用【画笔工具】制作一幅梦幻的背景，具体操作方法如下。

第1步：制作背景图层

1 新建画布

选择【文件】▶【新建】菜单命令，打开【新建】对话框，设置画布尺寸为1200像素×1200像素，单击【确定】按钮。

2 设置前景色

单击工具箱中的前景色色块，弹出【拾色器（前景色）】对话框，设置前景色为"深灰色"，单击【确定】按钮。使用【油漆桶工具】为整个画布填充前景色。

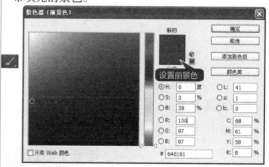

第2步：使用画笔制作背景元素

1 设置透明度

隐藏背景图层，新建一个【图层1】，选中工具箱中的【椭圆工具】，按【Shift】键画一个黑色的圆，在【图层】面板中设置【填充】的透明度为"50%"。

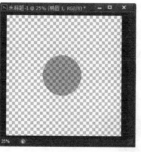

2 设置描边色

双击【图层1】，弹出【图层样式】对话框，选择左侧列表中的【描边】选项，设置描边颜色为"黑色"，位置为"内部"，大小为"3像素"，单击【确定】按钮。

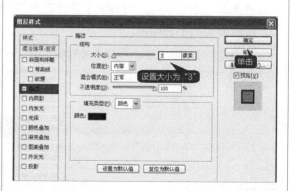

3 新建画笔

选择【编辑】➤【定义画笔预设】菜单命令，弹出【画笔名称】对话框，单击【确定】按钮，将刚刚画好的圆形定义为画笔。

输入名称

4 设置画笔

选择【窗口】➤【画笔】菜单命令，弹出【画笔】面板，选择刚刚定义的画笔样式，并对相应的选项进行设置。

设置笔尖形状

设置形状动态

设置散布效果

设置传递效果

5 选择【渐变】色条

新建图层，双击新图层弹出【图层样式】对话框，在左侧选择【渐变叠加】选项，单击右侧窗格中的【渐变】色条。

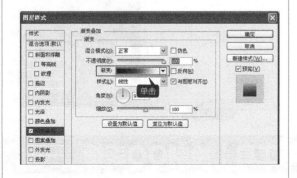

单击

6 设置渐变颜色

弹出【渐变编辑器】对话框，设置相应的渐变颜色，单击【确定】按钮。

7 设置渐变叠加的角度

返回【图层样式】对话框，并设置渐变叠加的角度为"45度"，单击【确定】按钮。

设置渐变叠加角度

8 改变渐变颜色

单击工具箱中的【油漆桶工具】，为图层添加渐变填充效果，效果如图所示。

第3步：绘制梦幻 背景元素

1 绘制画布

新建图层，选择【画笔工具】，在工具属性栏中选择之前设置的画笔，大小调整为"200像素"，在画布中绘制，产生如下效果。

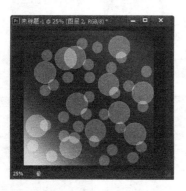

2 进行高斯模糊

选择【滤镜】➤【模糊】➤【高斯模糊】菜单命令，弹出【高斯模糊】对话框，设置【半径】为"10.0像素"，单击【确定】按钮。

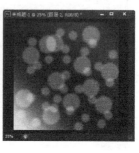

半径为"10.0"

3 新建图层并进行高斯模糊

再新建图层，设置画笔工具大小为"150像素"，绘制之后添加【高斯模糊】滤镜，设置【半径】为"5.0像素"。

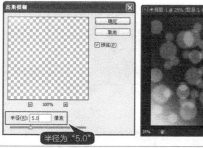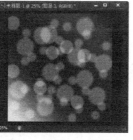

半径为"5.0"

4 再次新建图层并进行高斯模糊

再次新建图层，设置画笔工具大小为"100像素"，绘制之后添加【高斯模糊】滤镜，设置【半径】为"2.0像素"。

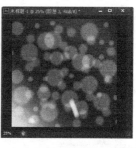

半径为"2.0"

4.3 实例2——使用【铅笔工具】绘制QQ表情

本节视频教学时间：10分钟

【铅笔工具】用于创建线段或曲线笔触效果，使用【铅笔工具】绘制的图形比较生硬。可以通过单击工具箱中的【铅笔工具】按钮调用该功能。

	画笔工具	B
	铅笔工具	B
	颜色替换工具	B
	混合器画笔工具	

选择铅笔工具

选择【铅笔工具】后，在工具属性栏会显示相应的设置内容，如下图所示。

模式：正常　　　不透明度：100%　　　☐ 自动抹除

如果把铅笔的笔触缩小到一个像素，铅笔的笔触就会变成一个小方块，用这个小方块可以很方便地绘制一些像素图形。下面就来绘制一个QQ表情像素图，具体操作方法如下。

1 新建画布

选择【文件】▶【新建】菜单命令，弹出【新建】对话框，设置图像大小为30像素×30像素，【分辨率】为"72像素/英寸"，【颜色模式】为"RGB颜色"，单击【确定】按钮。

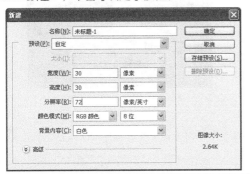

2 设置缩放比例

由于图像比较小，在画布左下角设置缩放比例为"1200%"。

3 设置铅笔工具

选择【铅笔工具】，设置铅笔【大小】为"1像素"，【硬度】为"100%"。

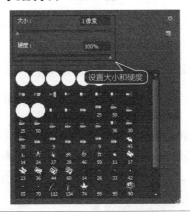

4 设置前景色

设置前景色为黑色，在画布中绘制表情轮廓，可以看出轮廓是由一个个的像素块组成的。

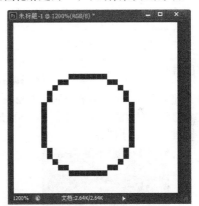

5 绘制五官

继续上一步的操作，为表情绘制细节，主要是眼睛和嘴巴。

6 填充颜色

分别设置前景色为紫色和黄色，填充嘴和面部颜色。

7 删除背景

使用工具箱中的【魔棒工具】选中白色背景，并按【Delete】键删除背景。

删除背景后效果

8 完成绘制

表情绘制完成，由于之前是放大显示，呈现像素状，现将缩放比例调整为100%，图像显示出实际尺寸，一个简单的QQ表情制作完成。

工作经验小贴士

QQ表情无需背景，所以保存时应保存为PNG文件类型，因为该类型的文件可以保存透明背景。

4.4 实例3——使用【历史记录艺术画笔工具】创建粉笔画效果

本节视频教学时间：5分钟

【历史记录艺术画笔工具】使用指定的历史记录状态或快照中的源数据，以风格化描边进行绘画。下面通过使用【历史记录艺术画笔工具】对图像处理成特殊效果。

1 新建图层

打开随书光盘中的"素材\ch04\图02.jpg"文件，在【图层】面板的下方单击【创建新图层】按钮，新建【图层1】图层。

2 设置前景色

单击工具箱中的前景色色块，在弹出的【拾色器（前景色）】对话框中设置灰色"C:0，M:0，Y:0，K:10"，单击【确定】按钮。

设置为灰色

3 填充前景色

按【Alt+Delete】组合键为【图层1】图层填充前景色。

4 设置画笔参数

选择【历史记录艺术画笔工具】，在属性栏中设置参数如下图所示。

5 指定图像恢复的位置

选择【窗口】▶【历史记录】菜单命令，弹出【历史记录】面板，在【打开】步骤前单击，指定图像被恢复的位置。

6 查看效果

将鼠标指针移至画布中单击并拖曳便可进行图像的恢复，创建类似粉笔画的效果，如下图所示。

4.5 实例4——使用形状工具绘制中秋红灯笼

本节视频教学时间：21分钟

使用形状工具可以方便地绘制出许多特定的形状，还可以通过形状的运算及自定义形状让形状更加丰富。绘制形状的工具有【矩形工具】、【圆角矩形工具】、【椭圆工具】、【多边形工具】、【直线工具】及【自定形状工具】等。

使用形状工具绘制中秋红灯笼的具体操作步骤如下。

第1步：制作灯笼体

1 新建文件

择【文件】▶【新建】菜单命令，弹出【新建】对话框，设置大小为600像素×600像素，分辨率为"300像素/英寸"，单击【确定】按钮。

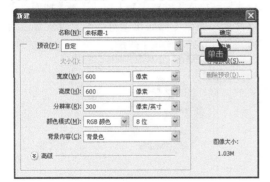

2 填充颜色

使用填充工具将画布填充为红色。

填充颜色"红色"

3 新建图层并填充

新建一个图层，选择工具栏中的【单列选择工具】，在图像上单击，出现选区，使用【油漆桶工具】为选区填充黄色。

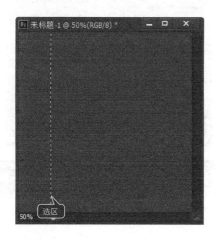

4 复制选区

填充完后，图像中出现一条黄色线条。选择【移动工具】，按【Ctrl+Alt】组合键，多次拖曳黄色选区，图像中便复制出了若干条黄色线条，将其均匀排列在图像中。

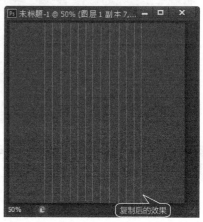

5 绘制椭圆

选择工具箱中的【椭圆工具】，在工具属性栏中选择【路径】 路径 选项，在画布中绘制椭圆，【路径】面板中出现工作路径。

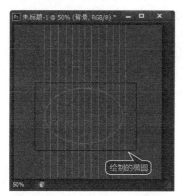

6 删除多余选区

按住【Ctrl】键单击工作路径，将路径生成选区，选择菜单栏【选择】▶【反向】菜单命令，按【Delete】键将椭圆选区外的图像删除。

7 输入文字

选择【横排文字工具】，在椭圆中写下一个"福"字，调整字体大小及位置至满意。调整好后栅格化文字，并合并可见图层。

8 设置扭曲

按住【Ctrl】键单击图层，将椭圆选为选区，然后选择菜单栏【滤镜】▶【扭曲】▶【球面化】菜单命令，弹出【球面化】对话框，设置数量为"100%"，单击【确定】按钮。

第2步：制作灯笼的其他部分

1 绘制椭圆

新建图层，使用工具箱中的【椭圆选框工具】绘制椭圆。

2 绘制矩形

选择【矩形选框工具】，在工具属性栏中选择【与选区交叉】■选项，在椭圆中上部绘制矩形，交叉后的选区如图所示。

3 填充颜色

使用【油漆桶工具】为选区填充红色，并将该图层置于底层。

4 自由变换对象

选中图层，按【Ctrl+J】组合键复制图层，选中生成的图层副本，按【Ctrl+T】组合键，对副本图层中的对象做自由变换操作，如图所示。

5 绘制细线

新建图层，使用画笔工具在灯笼下方绘制一条细线，颜色为"红色"。

6 完成绘制

按住【Ctrl】键单击新图层，将细线选为选区，按【Ctrl+Alt】组合键，移动复制选区，合并所有复制后的图层，生成如图所示的效果。

4.6 实例5——使用色彩进行创作

本节视频教学时间：18分钟

使用Photoshop工具可以进行各种色彩设置，通过色彩设置可以完成很多创作，本节就来介绍有关色彩设置的相关内容。

4.6.1 设置前景色和背景色

前景色和背景色是用户当前使用的颜色，工具箱中包含前景色和背景色的设置选项，它由设置前景色、设置背景色、切换前景色和背景色以及默认前景色和背景色等部分组成。

利用色彩控制图标可以设定前景色和背景色。

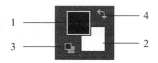

(1)【设置前景色】按钮▉

单击此按钮将弹出拾色器来设定前景色，它会影响到画笔、填充命令和滤镜等的使用。

(2)【设置背景色】按钮▢

设置背景色和设置前景色的方法相同。

(3)【默认前景色和背景色】按钮▣

单击此按钮默认前景色为黑色、背景色为白色，也可以使用快捷键【D】来完成。

(4)【切换前景色和背景色】按钮▣

单击此按钮可以使前景色和背景色相互交换，也可以使用快捷键【X】来完成。

设定前景色和背景色的方法有以下4种。

① 单击【设置前景色】或者【设置背景色】按钮，然后在弹出的【拾色器（前景色）】对话框中进行设定。

② 使用【颜色】面板设定。

③ 使用【色板】面板设定。

④ 使用吸管工具设定。

4.6.2 使用拾色器设置颜色

单击工具箱中的【设置前景色】或【设置背景色】按钮即可弹出【拾色器（前景色）】对话框，在拾色器中有4种色彩模型可供选择，分别是HSB、RGB、Lab和CMYK。

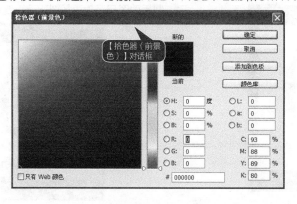

使用HSB色彩模型，通常是因为它是以人们对色彩的感觉为基础的。它把颜色分为色相、饱和度和明度3个属性，这样便于观察。

在设定颜色时可以拖曳彩色条两侧的三角滑块来设定色相，然后在【拾色器（前景色）】对话框的颜色框中单击鼠标（这时鼠标指针变为一个圆圈）来确定饱和度和明度，完成后单击【确定】按钮即可。也可以在色彩模型不同的组件后面的文本框中输入数值来完成设定。

工作经验小贴士

在实际工作中一般是用数值来确定颜色。

在【拾色器（前景色）】对话框中右上方有一个颜色预览框分为上下两个部分，上边代表新设定的颜色，下边代表原来的颜色，这样便于进行对比。如果在它的旁边出现了惊叹号，则表示该颜色无法被打印。如果在【拾色器（前景色）】对话框中选中【只有Web颜色】复选框，颜色则变得很少，这主要用来确定网页上使用的颜色。

4.6.3 使用【颜色】面板

【颜色】面板是设计工作中使用比较多的一个面板。可以通过选择【窗口】➤【颜色】菜单命令或按【F6】键调出【颜色】面板。

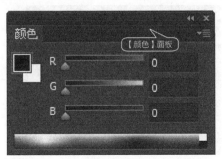

在设定颜色时，先要单击面板右侧的黑三角按钮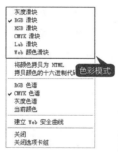，弹出面板菜单，然后在菜单中选择合适的色彩模式和色谱。

(1)【CMYK滑块】：在CMYK颜色模式中（PostScript打印机使用的模式）指定每个图案值（青色、洋红、黄色和黑色）的百分比。

(2)【RGB滑块】：在RGB颜色模式（监视器使用的模式）中指定0~255（0是黑色，255是纯白色）的像素值。

(3)【HSB滑块】：在HSB颜色模式中指定饱和度和亮度的百分数，指定色相为一个与色轮上位置相关的0°~360°的角度。

(4)【Lab滑块】：在Lab模式中输入0~100的亮度值（L）和−128~+127的值（从绿色到洋红）以及值（从蓝色到黄色）。

(5)【Web颜色滑块】：Web安全颜色是浏览器使用的216种颜色，与平台无关。在8位屏幕上显示颜色时，浏览器会将图像中的所有颜色更改为这些颜色，这样可以确保为Web准备的图片在256色的显示系统上不会出现仿色。可以在文本框中输入颜色代号来确定Web颜色。

单击面板前景色或背景色按钮来确定要设定的或者更改的是前景色还是背景色。

接着可以通过拖曳不同色彩模式下不同颜色组件中的滑块来确定色彩。也可以在文本框中输入数值来确定色彩，其中，在灰度模式下可以在文本框中输入不同的百分比来确定颜色。当把鼠标指针移至面板下方的色条上时，指针会变为吸管工具，这时单击同样可以设定需要的颜色。

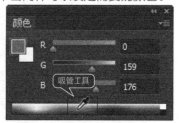

4.6.4 使用【色板】面板

在设计中有些颜色可能会经常用到，这时可以把它放到【色板】面板中。选择【窗口】➤【色板】菜单命令即可打开【色板】面板。

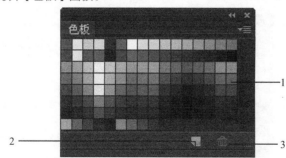

(1) 色标

在它上面单击可以把该色设置为前景色。如果在色标上面双击，则会弹出【色板名称】对话框，从中可以为该色标重新命名。

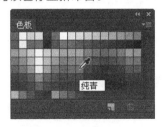 

(2) 创建前景色的新色板

单击此按钮可以把常用的颜色设置为色标。

(3) 删除色标

选择一个色标，然后拖曳到该按钮上，可以删除该色标。

4.6.5 使用【吸管工具】

使用【吸管工具】在所需要的颜色上单击，可以把同一图像中不同部分的颜色设置为前景色。也可以把不同图像中的颜色设置为前景色。

将同一图像中不同的颜色设置为前景色如下图所示。

将不同图像中的颜色设置为前景色如下图所示。

4.6.6 使用【渐变工具】

渐变是由一种颜色向另一种颜色的过渡，以形成一种柔和的或者特殊规律的色彩区域，可以在整个文档或选区内填充渐变颜色。

【渐变工具】的属性栏如下图所示。

模式：正常　不透明度：100%　反向　仿色　透明区域

(1)【点按可编辑渐变】：选择和编辑渐变色彩，是【渐变工具】最重要的部分，通过它能够看出渐变的情况。

(2) 渐变方式包括线性渐变、径向渐变、角度渐变、对称渐变和菱形渐变5种。

【线性渐变】：从起点到终点颜色在一条直线上过渡。

【径向渐变】：从起点到终点颜色按圆形向外发散过渡。

【角度渐变】：从起点到终点颜色做顺时针过渡。

【对称渐变】：从起点到终点颜色在一条直线上同时做两个方向上的对称过渡。

【菱形渐变】：从起点到终点颜色按菱形向外发散过渡。

(3)【模式】下拉列表：用于选择填充时的色彩混合方式。

(4)【反向】复选框：用于掉转渐变色的方向，即把起点颜色和终点颜色进行交换。

(5)【仿色】复选框：选中此复选框会添加随机杂色以平滑渐变填充的效果。

(6)【透明区域】复选框：只有选中此复选框，不透明度的设定才会生效，包含有透明的渐变才能被体现出来。

举一反三

本章学习了使用Photoshop绘制图像的方法，着重介绍了画笔工具、铅笔工具和形状工具的使用。除了这些还可以使用橡皮擦、修复画笔、放大镜去除无用文字，或使用消失点命令调整图像等。

高手私房菜

技巧：如何重复利用设置好的渐变色

在设置渐变填充时，设置一个比较满意的渐变色很不容易。设置好的渐变色也有可能在多个对象上使用，所以能将设置好的渐变色保存下来就再好不过了。那应当如何操作呢？

在【渐变编辑器】对话框中设置好渐变色后，在【名称】文本框中输入名称，单击【新建】按钮，可以将已经设置好的渐变色保存到【预设】区域中，对其他对象设置渐变时可以从【预设】区域中找到保存的渐变设置。

第5章

调整与修饰图像

 本章视频教学时间：1小时23分钟

在Photoshop CS6中不仅可以直接绘制各种图像，还可以通过各种命令对图像进行编辑，修饰图像效果，如亮度、饱和度、对比度、涂抹、修复等。本章的内容比较简单易懂，读者可以按照实例步骤进行操作，也可以导入自己喜欢的图片进行编辑处理。

【学习目标】

通过本章的学习，读者可以掌握调整与修饰图片的方法。

【本章涉及知识点】

了解图像的颜色模式

掌握各种工具的使用方法

5.1 了解图像的颜色模式

 本节视频教学时间：15 分钟

颜色模式决定显示和打印电子图像的色彩模型（简单来说，色彩模型是用于表现颜色的一种数学算法），即一幅电子图像用什么样的方式在计算机中显示或打印输出。

常见的颜色模式包括位图模式、灰度模式、双色调模式、HSB（表示色相、饱和度、亮度）模式、RGB（表示红、绿、蓝）颜色模式、CMYK（表示青、洋红、黄、黑）颜色模式、Lab颜色模式、索引颜色模式、多通道模式以及8位/16位/32位通道模式，每种模式的图像描述、重现色彩的原理及所能显示的颜色数量是不同的。Photoshop 的颜色模式基于颜色模型，而颜色模型对于印刷中使用的图像非常有用，它可以选取RGB、CMYK、Lab和灰度以及用于特殊色彩输出的颜色模式，如索引颜色和双色调。

选择【图像】▶【模式】菜单命令打开【模式】的级联菜单。

5.1.1 RGB颜色模式

Photoshop 的RGB颜色模式使用RGB模型，对于彩色图像中的每个RGB（红色、绿色、蓝色）分量，为每个像素指定一个0（黑色）~255（白色）之间的强度值。

不同的图像中RGB各个颜色的成分也不尽相同，可能有的图中R（红色）成分多一些，有的B（蓝色）成分多一些。在电脑中显示时，RGB的多少是指亮度，并用整数来表示。通常情况下，RGB的3个分量各有256级亮度，用数字0、1、2……255表示。注意：虽然数字最高是255，但0也是数值之一，因此共有256级。

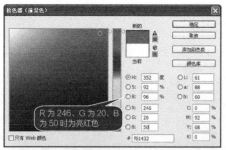

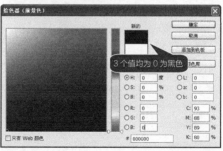

RGB图像使用3种颜色或3个通道在屏幕上重现颜色。

这3个通道将每个像素转换为24位（8位×3通道）色信息。对于24位图像可重现多达1670万种颜色。新建的Photoshop图像的默认模式为RGB，计算机显示器、电视机、投影仪等均使用RGB模型显示颜色。这意味着在使用非RGB颜色模式（如CMYK）时，Photoshop会将CMYK图像插值处理为RGB，以便在屏幕上显示。

5.1.2 CMYK颜色模式

CMYK颜色模式是一种基于印刷油墨的颜色模式，具有青色、洋红、黄色和黑色4个颜色通道，每个通道的颜色也是8位，即256种亮度级别，4个通道组合使得每个像素具有32位的颜色容量，在理论上能产生232种颜色。但是由于目前的制造工艺还不能造出高纯度的油墨，CMYK相加的结果实际上是一种暗红色，因此还需要加入一种专门的黑墨来中和。

CMYK颜色模式以打印纸上的油墨的光线吸收特性为基础，当白光照射到半透明油墨上时，色谱中的一部分被吸收，而另一部分被反射回眼睛。理论上，纯青色（C）、洋红（M）和黄色（Y）色素混合将吸收所有的颜色并生成黑色，因此CMYK颜色模式是一种减色模式，即为最亮（高光）颜色指定的印刷油墨颜色百分比较低，而为较暗（暗调）颜色指定的百分比较高。例如亮红色可能包含2%青色、93%洋红、90%黄色和0%黑色，因为青色的互补色是红色（洋红色和黄色混合即能产生红色），减少青色的百分含量，其互补色红色的成分也就增多，因此模式是靠减少一种通道颜色来加亮它的互补色，这显然符合物理原理。

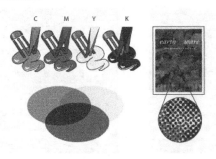

CMYK通道的灰度图和RGB类似。RGB灰度表示色光亮度，CMYK灰度表示油墨浓度。但二者对灰度图中的明暗有着不同的定义。

RGB通道灰度图中较白部分表示亮度较高，较黑表示亮度较低，纯白表示亮度最高，纯黑表示亮度为零。RGB模式下通道明暗的含义如下图所示。

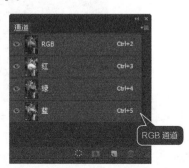

CMYK通道灰度图中较白表示油墨含量较低，较黑表示油墨含量较高，纯白表示完全没有油墨，纯黑表示油墨浓度最高。CMYK模式下通道明暗的含义如下图所示。

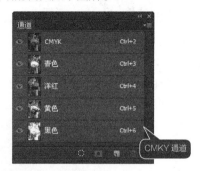

在制作要用印刷色打印的图像时应使用CMYK颜色模式。将RGB图像转换为CMYK即产生分色。如果从RGB图像开始，则最好首先在 RGB颜色模式下编辑，然后在处理结束时转换为CMYK颜色模式。在RGB颜色模式下，可以使用"校样设置"（选择【视图菜单】➤【校样设置】命令）模拟CMYK转换后的效果，而无需真地更改图像的数据。也可以使用CMYK颜色模式直接处理从高端系统扫描或导入的CMYK图像。

5.1.3 灰度模式

所谓灰度图像，就是指纯白、纯黑以及两者中的一系列从黑到白的过渡色。灰度色中不包含任何色相，即不存在红色、黄色这样的颜色。灰度的通常表示方法是百分比，范围为0%~100%。

在Photoshop中只能输入整数，百分比越高，颜色越黑；百分比越低，颜色越白。灰度最高相当于最高的黑，就是纯黑，灰度为100%。灰度最低相当于最低的黑，也就是没有黑，那就是纯白，灰度为0%。

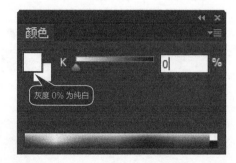

当灰度图像是从彩色图像模式转换而来时，灰度图像反映的是原彩色图像的亮度关系，即每个像素的灰阶对应着原像素的亮度，如下图所示。

在灰度模式下，只有一个描述亮度信息的通道。

只有灰度模式和双色调模式的图像才能转换为位图模式，其他模式的图像必须先转换为灰度模式，然后才能进一步转换为位图模式。

5.1.4 位图模式

在位图模式下，图像的颜色容量是一位，即每个像素的颜色只能在两种深度的颜色中选择，不是黑就是白。相应地，图像也就是由许多个小黑块和小白块组成。

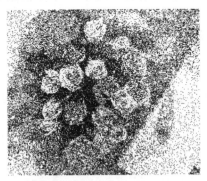

选择【图像】▶【模式】▶【位图】菜单命令，弹出【位图】对话框，从中可以设定转换过程中的减色处理方法。

（1）【分辨率】区域：用于设定转换后图像的分辨率。

（2）【方法】区域：用于选择在转换的过程中可以使用的减色处理方法。选择【50%阈值】选项，会将灰度级别大于50%的像素全部转换为黑色，将灰度级别小于50%的像素转换为白色；选择【图案仿色】选项，可使用黑白点的图案来模拟色调；选择【扩散仿色】选项，会产生一种颗粒效果；【半调网屏】选项是商业中经常使用的一种输出模式；选择【自定义图案】选项，可以根据定义的图案来减色，使得转换更为灵活自由。

在位图模式下，图像只有一个图层和一个通道，滤镜全部被禁用。

5.1.5 双色调模式

双色调模式可以弥补灰度图像的不足。因为灰度图像虽然拥有256种灰度级别，但是在印刷输出时，印刷机的每滴油墨最多只能表现50种灰度。这意味着如果只用一种黑色油墨打印灰度图像，图像将非常粗糙，灰度模式的图像如下左图所示。

但是如果混合一种、两种或三种彩色油墨，因为每种油墨都能产生50种左右的灰度级别，那么理论上至少可以表现出5050种灰度级别，这样打印出来的双色调、三色调或四色调图像就能表现得非常流畅了。这种靠几盒油墨混合打印的方法称为"套印"，绿色套印的双色调图像如下右图所示。

灰度模式

绿色套印

以双色调套印为例，一般情况下双色调套印应用较深的黑色油墨和较浅的灰色油墨进行印刷。黑色油墨用于表现阴影，灰色油墨用于表现中间色调和高光。但更多的情况是将一种黑色油墨与一种彩色油墨配合，用彩色油墨来表现高光区，利用这一技术能给灰度图像轻微上色。

因为双色调使用不同的彩色油墨重新生成不同的灰阶，因此在Photoshop中将双色调视为单通道、8位的灰度图像。在双色调模式中，不能像在RGB、CMYK和Lab模式中那样直接访问单个图像通道，而是通过【双色调选项】对话框中的曲线来控制通道。

【双色调选项】对话框

（1）【类型】下拉列表：可以从【单色调】、【双色调】、【三色调】和【四色调】中选择一种套印类型。

（2）【油墨】设置项：选择了套印类型后，即可在各色通道中用曲线工具调整套印效果。

5.1.6 索引颜色模式

索引颜色模式用最多256种颜色生成 8 位图像文件。当转换为索引颜色时，Photoshop 将构建一个颜色查找表，用以存放索引图像中的颜色。如果原图像中的某种颜色没有出现在该表中，程序将选取最接近的一种或使用仿色来模拟该颜色。

索引颜色模式的优点是它的文件格式比较小，同时保持视觉品质不单一，因此非常适于做多媒体动画和Web页面。在索引颜色模式下只能进行有限的编辑，若要进一步进行编辑，则应临时转换为RGB模式。索引颜色文件可以存储为Photoshop、BMP、GIF、Photoshop EPS、大型文档格式(PSB)、PCX、Photoshop PDF、Photoshop Raw、Photoshop 2.0、PICT、PNG、Targa 或TIFF 等格式。

选择【图像】▶【模式】▶【索引颜色】菜单命令可弹出【索引颜色】对话框。

(1)【调板】下拉列表：用于选择在转换为索引颜色时使用的调色板。例如需要制作Web网页时，可选择Web调色板。

(2)【强制】下拉列表：可以选择将某些颜色强制加入颜色表中，例如选择【黑白】，就可以将纯黑和纯白强制添加到颜色表中。

(3)【杂边】下拉列表：可以指定用于消除图像锯齿边缘的背景色。

(4)【仿色】下拉列表：可以选择是否使用仿色。

(5)【数量】参数框：输入仿色数量的百分比值。该值越高，所仿颜色越多，但会增加文件大小。

在索引颜色模式下图像只有一个图层和一个通道，滤镜全部被禁用。

5.1.7 Lab颜色模式

Lab颜色模型是在1931年国际照明委员会CIE制定的颜色度量国际标准模型的基础上建立的。1976年，该模型经过重新修订后被命名为 CIE L*a*b。

Lab 颜色与设备无关，无论使用何种设备（如显示器、打印机、计算机或扫描仪等）创建或输出图像，这种模型都能生成一致的颜色。Lab颜色是Photoshop在不同颜色模式之间转换时使用的中间颜色模式。Lab颜色模式将亮度通道从彩色通道中分离出来成为一个独立的通道。将图像转换为Lab颜色模式，然后去掉色彩通道中的a、b通道而保留明度通道，这样就能获得100%逼真的图像亮度信息，得到100%准确的黑白效果。

5.2 实例1——【亮度/对比度】：调整照片的亮度

本节视频教学时间：2 分钟

选择【亮度/对比度】命令，可以对图像的色调范围进行简单调整。使用【亮度/对比度】命令调整图像的具体步骤如下。

1 打开素材文件

打开随书光盘中的"素材\ch05\图03.jpg"图像。

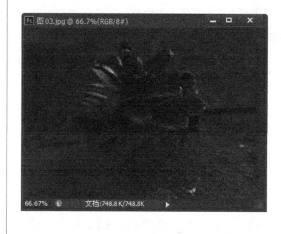

2 设置亮度、对比度

选择【图像】▶【调整】▶【亮度/对比度】菜单命令，弹出【亮度/对比度】对话框，设置【亮度】为"150"，【对比度】为"36"，单击【确定】按钮，得到最终图像效果。

5.3 实例2——【色阶】命令：色彩动漫

本节视频教学时间：3 分钟

【色阶】命令通过调整图像暗调、灰色调和高光的亮度级别来校正图像的色调，包括反差、明暗、图像层次以及平衡图像的色彩。

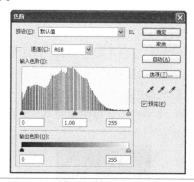

(1)【预设】下拉列表

利用此下拉列表可根据Photoshop预设的色彩调整选项对图像进行色彩调整。

(2)【通道】下拉列表

利用此下拉列表，可以在整个颜色范围内对图像进行色调调整，也可以单独编辑特定颜色的色调。若要同时编辑一组颜色通道，在选择【色阶】命令之前应按住【Shift】键在【通道】面板中选择这些通道。之后，通道菜单会显示目标通道的缩写，例如红代表红色。【通道】下拉列表还包含所选组合的个别通道，可以只分别编辑专色通道和Alpha通道。

(3)【输入色阶】参数区域

在【输入色阶】参数区域中可以分别调整暗调、中间调和高光的亮度级别来修改图像的色调范围，以提高或降低图像的对比度。在【输入色阶】参数框中输入目标值，这种方法比较精确，但直观性不好。以输入色阶直方图为参考，通过拖曳3个【输入色阶】滑块来调整可使色调的调整更为直观。

① 阴影滑块：向右拖动该滑块可以增大图像的暗调范围，使图像显示得更暗。同时拖曳的程度会在【输入色阶】最左边的方框中得到量化。

② 中间调滑块：左右拖曳可以增大或减小中间色调范围，从而改变图像的对比度。其作用与在【输入色阶】中间的参数框中键入数值相同。

③ 高光滑块：向左拖曳可以增大图像的高光范围，使图像变亮。高光的范围会在【输入色阶】最右侧的参数框中显示。

(4)【输出色阶】参数区域

【输出色阶】参数区域中只有暗调滑块和高光滑块，通过拖曳滑块或在参数框中键入目标值，可以降低图像的对比度。具体来说，向右拖曳暗调滑块，【输出色阶】左侧的参数框中的值会相应增加，但此时图像却会变亮；向左拖曳高光滑块，【输出色阶】右侧的参数框中的值会相应减小，但图像却会变暗。这是因为在输出时Photoshop的处理过程是这样的：比如将第一个参数框的值调为10，则表示输出图像会以在输入图像中色调值为10的像素的暗度为最低暗度，所以图像会变亮；将第二个参数框的值调为245，则表示输出图像会以在输入图像中色调值245的像素的亮度为最高亮度，所以图像会变暗。总之，【输入色阶】的调整是用来增加对比度的，而【输出色阶】的调整则是用来减少对比度的。

(5)【自动】按钮

单击【自动】按钮，可以将高光和暗调滑块自动移动到最亮点和最暗点。

(6) 吸管工具

用于完成图像中黑场、灰场和白场的设定。使用【设置黑场吸管】在图像中的某点颜色上单击，该点与原来黑色的颜色色调范围内的颜色都将变为黑色，该点与原来白色的颜色色调范围内的颜色整体亮度都将降低。使用【设置白场吸管】完成的效果则正好与【设置黑场吸管】的作用相反。使用【设置灰场吸管】可以完成图像中的灰度设置。

1 打开素材	2 设置色阶
打开随书光盘中的"素材\ch05\图02.jpg"图像。 	选择【图像】➤【调整】➤【色阶】菜单命令，弹出【色阶】对话框，调整中间滑块，调高图像的整体色调，最终效果如下图所示。 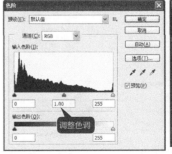

5.4 实例3——【曲线】命令：娇艳欲滴的玫瑰

本节视频教学时间：5 分钟

Photoshop可以调整图像的整个色调范围及色彩平衡，但它不是通过控制3个变量（阴影、中间调和高光）来调节图像的色调，而是对0~255色调范围内的任意点进行精确调节。同时，也可以选择【图像】▶【调整】▶【曲线】菜单命令对个别颜色通道的色调进行调节以平衡图像色彩。

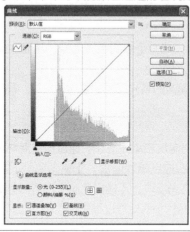

1. 【通道】下拉列表

若要调整图像的色彩平衡，可以在【通道】下拉列表中选取所要调整的通道，然后对图像中某一个通道的色彩进行调整。

2. 曲线

水平轴（输入色阶）代表原图像中像素的色调分布，初始时分成了5个带，从左到右依次是暗调（黑）、1/4色调、中间色调、3/4色调、高光（白）；垂直轴代表新的颜色值，即输出色阶，从下到上亮度值逐渐增加。默认的曲线形状是一条从下到上的对角线，表示所有像素的输入与输出色调值相同。调整图像色调的过程，就是通过调整曲线的形状来改变像素的输入和输出色调，从而改变整个图像的色调分布。

将曲线向上弯曲会使图像变亮，将曲线向下弯曲会使图像变暗。

曲线上比较陡直的部分代表图像对比度较高的区域；相反，曲线上比较平缓的部分代表图像对比度较低的区域。

使用工具可以在曲线缩略图中手动绘制曲线。为了精确地调整曲线，可以增加曲线后面的网格数，按住【Alt】键单击缩略图即可。

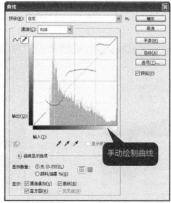

手动绘制曲线

按住【Alt】键效果

默认状态下，在【曲线】对话框中移动曲线顶部的点主要是调整高光；移动曲线中间的点主要是调整中间调；移动曲线底部的点主要是调整暗调。

将曲线上的点向下或向右移动，会将【输入】值映射到较小的【输出】值，并会使图像变暗；相反，将曲线上的点向上或向左移动，会将较小的【输入】值映射到较大的【输出】值，并会使图像变亮。因此，如果希望将暗调图像变亮，则可向上移动靠近曲线底部的点；如果希望高光变暗，则可向下移动靠近曲线顶部的点。

3. 【选项】按钮

单击该按钮可以弹出【自动颜色校正选项】对话框。

自动颜色校正选项控制由【色阶】和【曲线】对话框中的【自动颜色】、【自动色阶】、【自动对比度】和【自动】选项应用的色调和颜色校正。在【自动颜色校正选项】对话框中可以指定阴影和高光的修剪百分比，并为阴影、中间调和高光指定颜色值。

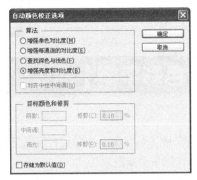

(1)【增强单色对比度】单选项：能统一修剪所有的通道，这样可以在使高光显得更亮而暗调显得更暗的同时保留整体的色调关系。【自动对比度】命令使用此种算法。

(2)【增强每通道的对比度】单选项：可最大化每个通道中的色调范围，以产生更明显的校正效果。因为各个通道是单独调整的，所以增强每通道的对比度可能会消除或引入色痕。【自动色阶】命令使用此种算法。

(3)【查找深色与浅色】单选项：查找图像中平均最亮和最暗的像素，并用它们在最小化修剪的同时最大化对比度，【自动颜色】命令使用此种算法。

(4) 目标颜色和修剪：若要指定要修剪黑色和白色像素的量，可在【修剪】文本框中输入百分比，建议输入0%~1%的一个值。

1 打开素材	2 调整曲线
打开随书光盘中的"素材\ch05\玫瑰花.jpg"图像。 	选择【图像】▶【调整】▶【曲线】命令，在弹出的【曲线】对话框中调整曲线。 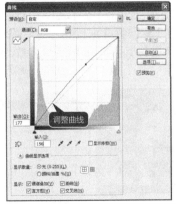

3 设置通道	4 查看最终效果
在【通道】下拉列表中选择"红"选项，调整曲线（或者设置【输入】为"139"，【输出】为"206"），使玫瑰花的红色更鲜红，单击【确定】按钮。 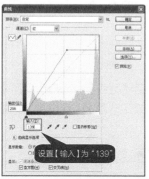	得到最终图像效果。 

5.5 实例4——【色彩平衡】命令：简单韩风写真

本节视频教学时间：3分钟

选择【色彩平衡】命令，可以调节图像的色调，可分别在暗调区、灰色调区和高光区通过控制各个单色的成分来平衡图像的色彩，操作起来简单直观。

选择【图像】▶【调整】▶【色彩平衡】菜单命令，可打开【色彩平衡】对话框。

(1)【色彩平衡】区域：可将滑块拖曳向要在图像中增加的颜色，或将滑块拖离要在图像中减少的颜色。利用上面提到的互补性原理，即可完成对图像色彩的平衡。

(2)【色调平衡】区域：通过单击选中【阴影】、【中间调】或【高光】单选项可以控制图像不同色调区域的颜色平衡。

(3)【保持明度】复选框：选中该复选框，可防止图像的亮度值随着颜色的更改而改变。

1 打开素材并设置色阶	2 查看效果
打开随书光盘中的"素材\ch05\图11.jpg"图像，选择【图像】▶【调整】▶【色彩平衡】菜单命令，弹出【色彩平衡】对话框，在【色阶】参数框中依次输入"-24"、"-11"和"+20"，单击【确定】按钮。 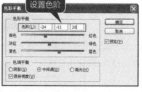	得到最终图像效果。 

5.6 实例5——【色相/饱和度】命令：创意插图

本节视频教学时间：4 分钟

选择【色相/饱和度】命令可以调整整个图像或图像中单个颜色成分的色相、饱和度和亮度。"色相"就是通常所说的颜色，即红、橙、黄、绿、青、蓝和紫。"饱和度"简单地说是一种颜色的纯度，颜色纯度越高饱和度越大，颜色纯度越低相应颜色的饱和度就越小。"亮度"就是指色调，即图像的明暗度。

本例利用【色相/饱和度】命令来改变天空的颜色。

1 打开素材文件并设置色相/饱和度	2 查看效果
打开随书光盘中的"素材\ch05\图06.jpg"图像，选择【图像】▶【调整】▶【色相/饱和度】菜单命令，弹出【色相/饱和度】对话框，设置【色相】为"+180"，【饱和度】为"+21"，【明度】为"－3"，单击【确定】按钮。设置色相、饱和度和明度	得到最终图像效果。

5.7 实例6——【污点修复画笔工具】：修复老照片

本节视频教学时间：5分钟

使用【污点修复画笔工具】 可以快速除去照片中的污点、划痕和其他不理想的部分。使用方法与【修复画笔工具】类似，当要求指定样本时，污点画笔可以自动从所修饰的区域周围取样。

(1)【画笔】：单击后面的下三角按钮，可以在打开的下拉面板中对画笔属性进行设置。

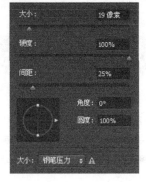

(2)【模式】下拉列表：用来设置修复图像时使用的混合模式，包括【正常】、【替换】、【正片叠底】等。选择【替换】选项，可保留画笔描边的边缘处的杂色、胶片颗粒和纹理。

(3)【类型】选项区域：用来设置修复的方法。选中【近似匹配】单选项，可使用选区边缘周围的像素来查找要用做选定区域修补的图像区域；选中【创建纹理】单选项，可使用选区中的所有像素创建一个用于修复该区域的纹理；选中【内容识别】单选项，用来对图像的某一区域进行覆盖填充，选中该单选项，可使软件自动分析周围图像的特点，将图像进行拼接组合后填充在该区域并进行融合。

(4)【对所有图层取样】复选框：选中该项可从所有可见图层中对数据进行取样，取消勾选该项则只从当前图层中取样。

---

1 **打开素材**	**2** **选择【污点修复画笔工具】**
打开随书光盘中的 "素材\ch05\1-6.jpg" 文件。 	选择【污点修复画笔工具】 ，在属性栏中设定各项参数保持不变（画笔大小可根据需要进行调整）。 
3 **修复污点**	**4** **完成修复**
将鼠标指针移动到污点上，单击鼠标即可修复斑点。 	修复其他斑点区域，直至图片修饰完毕。 

5.8 实例7——【修复画笔工具】：去除衣服上的污点

本节视频教学时间：6 分钟

【修复画笔工具】可用于消除并修复瑕疵，使图像完好如初。与【仿制图章工具】一样，使用【修复画笔工具】可以利用图像或图案中的样本像素来绘画，【修复画笔工具】可将样本像素的纹理、光照、透明度和阴影等与源像素进行匹配，从而使修复后的像素不留痕迹地融入图像的其他部分。

【修复画笔工具】 的属性栏中包括【画笔】设置项、【模式】下拉列表框、【源】选项区域和【对齐】复选框等。

| | | 模式: 正常 | | 源: 取样 | 图案: | 对齐 | 样本: 当前图层 | |

(1)【画笔】设置项：在该选项的下拉面板中可以选择画笔样本。

(2)【模式】下拉列表：其中的选项包括【替换】、【正常】、【正片叠底】、【滤色】、【变暗】、【变亮】、【颜色】和【亮度】等。

(3)【源】选项区域：选中【取样】或者【图案】单选项。按住【Alt】键定义取样点，然后才能使用【源】选项区。选中【图案】单选项，要先选择一个具体的图案，然后使用才会有效果。

(4)【对齐】复选框：单击选中该项会对像素进行连续取样，在修复过程中，取样点随修复位置的移动而变化。撤消选中，则在修复过程中始终以一个取样点为起始点。

1	打开素材	2	设置【修复画笔工具】参数

打开随书光盘中的"素材\ch05\脏衣服.jpg"文件。

选择【修复画笔工具】 ，并设置各项参数。

3	复制起点	4	完成修饰

按住【Alt】键单击鼠标以复制图像的起点，在需要修饰的地方单击并拖曳鼠标。

多次改变取样点并进行修复，图片修饰完毕。

去除污点后的效果

5.9 实例8——【修补工具】：为美女祛斑

本节视频教学时间：5分钟

【修补工具】可以说是对【修复画笔工具】的一个补充。【修复画笔工具】使用画笔对图像进行修复，而【修补工具】则是通过选区对图像进行修复。像【修复画笔工具】一样，【修补工具】能将样本像素的纹理、光照和阴影等与源像素进行匹配，但使用【修补工具】还可以仿制图像的隔离区域。

【修补工具】 ⬚ 的参数包括【修补】选项区域、【透明】复选框、【使用图案】设置框等。

⬚ ▾ | □ ❏ ❐ ❑ | 修补: 正常 ⬚ ▾ ● 源 ○ 目标 ○ 透明 | 使用图案 ⬚ ▾

(1)【修补】选项区域：选中【源】单选项时，将选区拖至要修补至的区域，释放鼠标后，将使用该区域的图像来修补原来的选区；选中【目标】单选项时，拖动选区至其他区域，可复制原区域内的图像至当前区域。

(2)【透明】复选框：单击选中此项，可对选区内的图像进行模糊处理，可以去除选区内细小的划痕。先用【修补工具】选择所要处理的区域，然后在其属性栏中选中【透明】复选框，区域内的图像就会自动地消除细小的划痕等。

(3)【使用图案】设置框：用指定的图案修饰选区。

1 打开素材	2 修复瑕疵
打开随书光盘中的"素材\ch05\美女长斑.jpg"文件，选择【修补工具】 ⬚ ，在属性栏中设置修补为源。 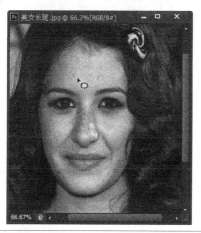	在需要修复的位置绘制一个选区，将鼠标指针移动到选区内，将选区向周围没有瑕疵的区域拖曳来修复瑕疵。 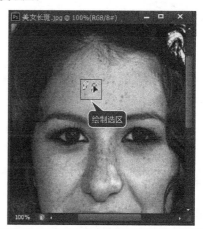
3 修复所有瑕疵	4 查看效果
修复其他瑕疵区域，直至图片修饰完毕。 	将美女的痣也一并修补掉，最终得到皮肤干净、面色红润的美女形象。 

工作经验小贴士

无论是用【仿制图章工具】、【修复画笔工具】还是【修补工具】，在修复图像的边缘时都应该结合选区完成。

5.10 实例9——【红眼工具】：去除照片中人物的红眼

本节视频教学时间：2分钟

【红眼工具】可消除用闪光灯拍摄的照片中人物的红眼，也可以消除用闪光灯拍摄的动物照片中的白色或绿色反光。

选择【红眼工具】 ，工具属性栏如下图所示。

```
+⊙ ▾   瞳孔大小: 50% ▾   变暗量: 50% ▾
```

(1)【瞳孔大小】设置框：设置瞳孔（眼睛暗色的中心）的大小。

(2)【变暗量】设置框：设置瞳孔的暗度。

1 打开素材并设置参数	**2** 查看效果
打开随书光盘中的"素材\ch05\图10.jpg"文件，选择【红眼工具】 ，设置其参数。	单击照片中的红眼区域，可得到如下图所示的效果。

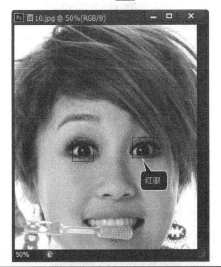

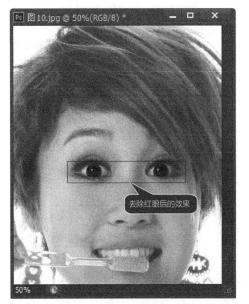

工作经验小贴士

红眼是由于相机闪光灯在主体视网膜上反光引起的。在光线暗淡的条件下照相时，由于主体的虹膜张开得很宽，更加明显地出现红眼现象。因此在照相时，最好使用相机的红眼消除功能，或者使用远离相机镜头位置的独立闪光装置。

5.11 实例10——【仿制图章工具】：活力金鱼

本节视频教学时间：3 分钟

图章工具包括仿制图章和图案图章两个工具。它们的基本功能都是复制图像，但复制的方式不同。

【仿制图章工具】是一种复制图像的工具，利用它可以做一些图像的修复工作。

1 打开素材

打开随书光盘中的"素材\ch05\金鱼.jpg"文件。

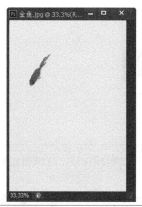

2 定义取样点

选择【仿制图章工具】🔲，把鼠标指针移动到想要复制的图像上，按住【Alt】键，这时指针会变为⊕形状，单击鼠标即可把鼠标指针落点处的像素定义为取样点。

设置取样点

3 复制图像

在要复制的图像位置单击或拖曳鼠标即可。

复制的图像

4 查看效果

多次取样多次复制，直至画面饱满。

5.12 实例11——【模糊工具】：缥缈的烟雾

本节视频教学时间：3分钟

使用【模糊工具】💧可以柔化图像中的硬边缘或区域，从而减少细节。它的主要作用是进行像素之间的对比，使主题鲜明。

选择【模糊工具】后的工具属性栏如下图所示。

(1)【画笔】设置项：用于设置画笔的大小、硬度和形状。

(2)【模式】下拉列表：用于选择色彩的混合方式。

(3)【强度】设置框：用于设置画笔的强度。

(4)【对所有图层取样】复选框：选中此复选框，可以使模糊工具作用于所有图层的可见部分。

1 打开素材

打开随书光盘中的"素材\ch05\烟雾.jpg"文件，选择【模糊工具】 ，设置【模式】为"正常"，【强度】为"100%"。

2 查看效果

按住鼠标左键在需要模糊的背景上拖曳鼠标即可。

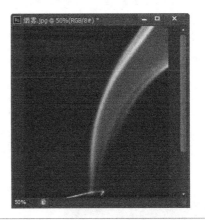

5.13 实例12——【锐化工具】：翠绿的叶子

本节视频教学时间：3分钟

使用【锐化工具】 可以聚焦软边缘以提高清晰度或聚焦的程度，也就是增大像素之间的对比度。

1 打开素材

打开随书光盘中的"素材\ch05\图12.jpg"文件，选择【锐化工具】 ，设置【模式】为"正常"，【强度】为"50%"。

2 查看效果

按住鼠标左键在叶子上进行拖曳即可。

锐化后的效果

5.14 实例13——【涂抹工具】：逼真火焰

本节视频教学时间：18分钟

使用【涂抹工具】 产生的效果类似于用干画笔在未干的油墨上擦过，也就是说画笔周围的像素将随着笔触一起移动。

选择【涂抹工具】后工具属性栏如下图所示。

【手指绘画】复选框：选中此复选框后可以设定涂痕的色彩，就好像用蘸上色彩的手指在未干的油墨上绘画一样。

下面将详细介绍使用【涂抹工具】制作火焰效果的操作方法。

第1步：制作火焰

1 新建文件并绘制白色竖线	2 涂抹竖线
新建一个600像素×800像素、分辨率为72像素/英寸的文件，将新建的文件填充为黑色背景，新建图层，在新图层中使用【画笔工具】绘制一条白色的竖线。	选择【涂抹工具】，在白线上进行上、下、左、右、旋和挑等涂抹操作，直到图形达到满意效果为止。如果不满意可以在【历史记录面板】中恢复操作，重新涂抹。

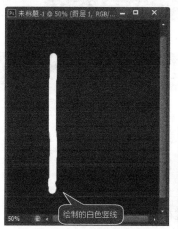

绘制的白色竖线

涂抹后的效果

 工作经验小贴士

在涂抹时，可以先使用大尺寸笔刷，当形状差不多时再使用小一些的笔刷涂抹。

第2步：为火焰着色

1 选择【色相/饱和度】菜单命令	2 设置【色相/饱和度】
单击【图层】面板底下的【创建新的填充或调整图层】下拉按钮，在弹出的菜单中选择【色相/饱和度】菜单命令。	打开【属性】面板，单击选中【着色】复选框，适当调整【色相】、【饱和度】和【明度】值。

选择【色相/饱和度】菜单命令

3 设置火焰颜色效果

单击【图层】面板底下的【创建新的填充或调整图层】下拉按钮，在弹出的菜单中选择【色彩平衡】菜单命令，打开【色彩平衡】属性面板，在【色调】选项框中分别选择【阴影】、【中间调】和【高光】，并对应调整颜色，得到如图所示的火焰效果。

4 调整火焰

按【Ctrl+Shift+Alt+E】组合键，盖印所有可见图层，得到新图层，使用【涂抹工具】再对图层中不满意的部位涂抹，也可以使用【橡皮擦工具】对多余的部位擦除，使图像效果更逼真。

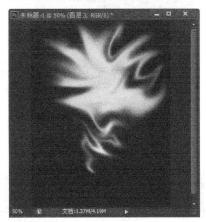

5 填充黄色选区

使用【魔棒工具】选择图像中的高亮部位，生成选区，新建图层，用【填充工具】在选区中填充淡黄色。

将选区内填充为黄色

6 设置选区效果

为淡黄色选区增加图层样式，即【外发光】和【内发光】效果，使图像火焰中心变得模糊、光亮。

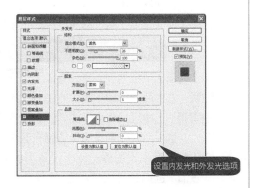

设置内发光和外发光选项

7 查看效果

图层样式设置完成后，图像效果如下图所示。

8 设置极坐标

选择【滤镜】▶【扭曲】▶【极坐标】菜单命令，弹出【极坐标】对话框，单击选中【平面坐标到极坐标】单选项，然后单击【确定】按钮。

9 设置光影	10 调整光影
调整图层【不透明度】参数值为"70%"，得到如下图所示效果，出现火焰光影。	这时火焰光影效果不够逼真，使用【涂抹工具】和【橡皮擦工具】调整光影，使其更逼真。

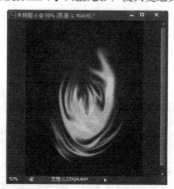

5.15 实例14——减淡和加深工具：清新摆件

本节视频教学时间：3分钟

【减淡工具】和【加深工具】可用于调整图像特定区域的曝光度，可以使图像区域变亮或变暗。摄影时，摄影师减弱曝光度可以使照片中的某个区域变亮（减淡），或增加曝光度使照片中的区域变暗（加深），减淡和加深工具的作用相当于摄影师调节曝光度。

选择【加深工具】后工具属性栏如下图所示。

(1)【范围】下拉列表：其中有以下选项。

暗调：选中后只作用于图像的暗调区域。

中间调：选中后只作用于图像的中间调区域。

高光：选中后只作用于图像的高光区域。

(2)【曝光度】设置框：用于设置图像的曝光强度。建议使用时先把【曝光度】的值设置得小一些，一般情况选择15%比较合适。

1 打开素材	2 涂抹底纹
打开随书光盘中的"素材\ch05\图14.jpg"文件，选择【减淡工具】，保持各项参数不变，也可根据需要更改画笔的大小。	按住鼠标左键在盘子及花上进行涂抹，同理使用【加深工具】来涂抹底纹。

5.16 实例15——【海绵工具】：制作黑白照片

本节视频教学时间：3分钟

使用【海绵工具】 可以精确地更改区域的色彩饱和度。在灰度模式下，该工具通过使灰阶远离或靠近中间灰色来增加或降低对比度。

选择【海绵工具】后工具属性栏如下图所示。

在【模式】下拉列表中可以选择【降低饱和度】选项以降低色彩饱和度，选择【饱和度】选项以提高色彩饱和度。

1 打开素材	2 查看效果
打开随书光盘中的"素材\ch05\图20.jpg"文件，选择【海绵工具】 ，设置【模式】为"降低饱和度"，其他参数保持不变，也可根据需要更改画笔的大小。	按住鼠标左键在图像上进行涂抹。

举一反三

本章学习了调整与修饰图像的内容，包括对色阶、亮度、对比度、色彩平衡、饱和度等的调整和运用。除此之外，运用背景橡皮擦和魔术橡皮擦擦除背景颜色的方法在实际操作中也经常会用到。

高手私房菜

技巧：巧妙"移植"对象框

在对图像进行修饰的过程中，有时用【仿制图章】和【修补工具】是很难修复好照片的，这时，用户不妨使用"移植"的方法来做。例如本例需要把图中地板上的衣物去掉，就可以使用"移植"的方法。由于该图中地板的纹理清晰，又有不同的光线，而且衣物的面积很大。利用【图章工具】和【修补工具】是很难修复好的。具体的操作步骤如下。

1 打开素材

选择【文件】▶【打开】菜单命令，打开随书光盘中的"素材\ch05\图23.jpg"图像。

2 建立选区

使用【套索工具】或者【多边形套索工具】在需要取样的位置建立选区。

3 设置羽化半径

选择【选择】▶【修改】▶【羽化】菜单命令，打开【羽化选区】对话框，在【羽化半径】文本框中输入"8"，单击【确定】按钮，然后使用【Ctrl+C】组合键复制，并使用【Ctrl+V】组合键粘贴，这时Photoshop会自动创建一个图层。

4 创建新图层

使用【移动工具】把新图层移动到需要覆盖的位置，对齐板缝，用【Ctrl+T】组合键进行自由变换并拖动其中的可移动点进行放大或缩小，使其对齐覆盖衣物的位置。

工作经验小贴士

最后观察一下图中还有什么不足的地方，可以用【图章工具】、【修复画笔工具】、【修补工具】进行细致处理。以上已经具体介绍过这些工具的使用方法，这里不再重述。

第6章

图层的应用

 本章视频教学时间：52分钟

图层功能是Photoshop处理图像的基本功能，也是Photoshop中很重要的一部分。图层就像玻璃纸，每张玻璃纸上有一部分图像，将这些玻璃纸重叠起来，就是一幅完整的图像，而修改一张玻璃纸上图像，不会影响到其他图像。

【学习目标】

通过本章的学习，读者可以掌握图层的使用方法。

【本章涉及知识点】

认识图层

掌握创建图层的方法

掌握隐藏与显示、对齐与合并图层的方法

掌握图层的其他应用技巧

6.1 认识图层

 本节视频教学时间：16分钟

图层是Photoshop最为核心的功能之一，它承载了几乎所有的编辑操作。如果没有图层，所有的图像将处在同一个平面上，这对于图像的编辑来讲简直是无法想象的，正是因为有了图层功能，Photoshop才变得如此强大。

6.1.1 图层特性

在Photoshop中，图层具有透明性、独立性和遮盖性等。

1. 透明性

透明性是图层的基本特性。图层就像是一层层透明的玻璃，在没有绘制色彩的部分，透过上面图层的透明部分，能够看到下面图层的图像效果。在Photoshop中，图层的透明部分表现为灰白相间的网格。

2. 独立性

把一幅作品的各个部分放到单个的图层中，能方便地操作作品中任何部分的内容。各个图层之间是相对独立的。对其中一个图层进行操作时，其他图层不受影响。

3. 遮盖性

图层之间的遮盖性指的是当一个图层中有图像信息时，会遮盖住下层图像中的图像信息。

6.1.2 图层的分类

Photoshop的图层类型有多种，可以分为普通图层、背景图层、文字图层、形状图层、蒙版图层和调整图层等6种。

1. 普通图层

普通图层是一种常用的图层。在普通图层上用户可以进行各种图像编辑操作。

2. 背景图层

使用Photoshop新建文件时，如果【背景内容】选择为白色或背景色，在新文件中就会自动创建一个背景图层，并且该图层还有一个锁定的标志。背景图层始终在最底层，就像一栋楼房的地基一样，不能与其他图层调整叠放顺序。

一个图像中可以没有背景图层，但最多只能有一个背景图层。

　　背景图层的不透明度不能更改，不能为背景图层添加图层蒙版，也不可以使用图层样式。如果要改变背景图层的不透明度、为其添加图层蒙版或者使用图层样式，可以先将背景图层转换为普通图层。

1 打开素材文件

　　打开随书光盘中的"素材\ch06\图06.jpg"文件。

2 选择背景图层

　　选择【窗口】➤【图层】菜单命令，打开【图层】面板，选定【背景】图层。

3 选择菜单命令

　　选择【图层】➤【新建】➤【背景图层】菜单命令，弹出【新建图层】对话框。

4 完成转换

　　单击【确定】按钮，【背景】图层即转换为普通图层。

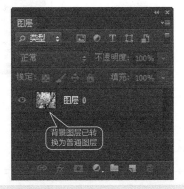

工作经验小贴士

　　使用【背景橡皮擦工具】🖉和【魔术橡皮擦工具】🖉擦除背景图层时，【背景】图层令自动变成普通图层。另外，直接在【背景】图层上双击，可以快速将其转换为普通图层。

3. 文字图层

　　文字图层用于存放文字信息。它在【图层】面板中的缩览图与普通图层不同。

　　文字图层主要用于编辑图像中的文本内容，用户可以对文字图层进行移动、复制等操作。但是不能使用绘画和修饰工具来绘制和编辑文字图层中的文字，不能使用【滤镜】菜单命令。如果需要编辑文字，则必须栅格化文字图层，被栅格化的文字将变为位图图像，不能再修改其内容。

　　栅格化操作就是把矢量图转化为位图。在Photoshop中有一些图是矢量图，例如用【文字工具】输入的文字或用【钢笔工具】绘制的图形。如果想对这些矢量图形做进一步的处理，例如想使文字具有影印效果，就要使用【滤镜】▶【素描】▶【影印】菜单命令，而该命令只能处理位图图像，不能处理矢量图，此时就需要先把矢量图栅格化转化为位图。矢量图经过栅格化处理变成位图后，就失去了矢量图的特性。

　　栅格化文字图层就是将文字图层转换为普通图层，可以执行下列操作之一来实现。

　　(1) 普通方法：选中文字图层，再选择【图层】▶【栅格化】▶【文字】菜单命令，文字图层即转换为普通图层。

　　(2) 快捷方法：在【图层】面板中的文字图层上单击鼠标右键，从弹出的快捷菜单中选择【栅格化文字】选项，可以将文字图层转换为普通图层。

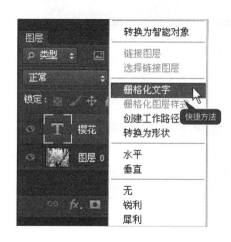

4. 形状图层

　　形状是矢量对象，与分辨率无关。形状图层一般是使用形状工具（【矩形工具】▭、【圆角矩形工具】▭、【椭圆工具】◯、【多边形工具】⬠、【直线工具】＼、【自定义形状工具】❀或【钢笔工具】✒）绘制图形后而自动创建的图层。

　　要创建形状图层，一定要先在属性栏中选择【形状图层】按钮▭。形状图层包含定义形状颜色的填充图层和定义形状轮廓的矢量蒙版。形状轮廓是路径，显示在【路径】面板中。如果当前图层为形状图层，在【路径】面板中可以看到矢量蒙版的内容。

如果要将形状图层转换为普通图层，需要栅格化形状图层，有以下3种方法。

(1) 完全栅格化：选择形状图层，选择【图层】➤【栅格化】➤【形状】菜单命令，即可将形状图层转换为普通图层，同时不保留蒙版和路径。

(2) 路径和蒙版栅格化：选择【图层】➤【栅格化】➤【填充内容】菜单命令，将栅格化形状图层填充，同时保留矢量蒙版。

(3) 蒙版栅格化：选择【图层】➤【栅格化】➤【矢量蒙版】菜单命令，将栅格化形状图层的矢量蒙版，但同时转换为图层蒙版，丢失路径。

5. 蒙版图层

蒙版图层是用来存放蒙版的一种特殊图层，依附于除背景图层以外的其他图层。蒙版的作用是显示或隐藏图层的部分图像，也可以保护区域内的图像，以免被编辑。用户可以创建的蒙版类型有图层蒙版和矢量蒙版两种。

(1) 图层蒙版：是与分辨率有关的位图图像，由绘画或选择工具创建。

(2) 矢量蒙版：与分辨率无关，一般是使用【钢笔工具】、形状工具（【矩形工具】、【圆角矩形工具】、【椭圆工具】、【多边形工具】、【直线工具】和【自定义形状工具】）绘制图形后而创建的。

矢量蒙版可在图层上创建锐边形状。若需要添加边缘清晰的图像，可以使用矢量蒙版。

6. 调整图层

利用调整图层可以将颜色或色调调整应用于多个图层，而不会更改图像中的实际颜色或色调。颜色和色调调整信息存储在调整图层中，并且影响它下面的所有图层。这意味着操作一次即可调整多个图层，而不用分别调整每个图层。要想创建调整图层，可以执行下列操作之一。

(1) 单击【图层】面板下方的【创建新的填充或调整图层】按钮，在弹出的菜单中选择合适的命令。

(2) 选择【图层】➤【新建调整图层】菜单命令，在弹出的级联菜单中选择合适的菜单命令。

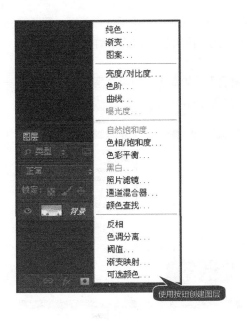

使用按钮创建图层

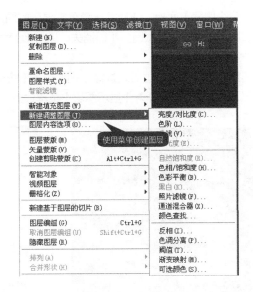

使用菜单创建图层

6.2 实例1——创建图层

 本节视频教学时间：3分钟

需要使用新图层时，可以执行图层创建操作。创建图层的方法有以下3种。

方法1：打开【图层】面板，单击【新建图层】按钮，可创建新图层。

方法2：选择【图层】➤【新建】➤【图层】菜单命令，弹出【新建图层】对话框，可创建新图层。

方法3：按【Ctrl+Shift+N】组合键也可以弹出【新建图层】对话框，进而创建新图层。

 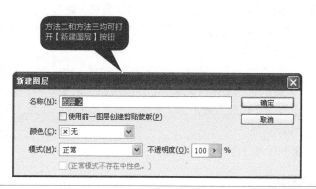

6.3 实例2——隐藏与显示图层

 本节视频教学时间：4分钟

在进行图像编辑时，为了避免在部分图层中误操作，可以先将其隐藏，需要对其操作时再将其显示。隐藏与显示图层的方法有如下两种。

方法1

打开【图层】面板，选择需要隐藏或显示的图层，图层前面有一个可见性指示框，显示眼睛图标时，该图层可见，单击眼睛，眼睛消失，图层即变为不可见，再次单击，图层会再次显示为可见。

方法2

选择需要隐藏的图层后，选择【图层】➤【隐藏图层】菜单命令，可将图层隐藏。选择需要显示的图层，再选择【图层】➤【显示图层】菜单命令，可将其设为可见。

6.4 实例3——对齐与合并图层

 本节视频教学时间：8分钟

对齐与合并图层是图层应用的主要内容，可以使图像更规整。

6.4.1 对齐图层

依据当前图层和链接图层的内容，可以进行图层之间的对齐操作。

1. 图层对齐的操作技巧

Photoshop提供有6种对齐方式。

```
顶边(T)
垂直居中(V)
底边(B)

左边(L)
水平居中(H)
右边(R)
```

(1)【顶边】：将链接图层顶端的像素对齐到当前工作图层顶端的像素或者选区边框的顶端。

(2)【垂直居中】：将链接图层的垂直中心像素对齐到当前工作图层垂直中心的像素或者选区的垂直中心。

(3)【底边】：将链接图层的最下端的像素对齐到当前工作图层的最下端像素或者选区边框的最下端。

(4)【左边】：将链接图层最左边的像素对齐到当前工作图层最左端的像素或者选区边框的最左端。

(5)【水平居中】：将链接图层水平中心的像素对齐到当前工作图层水平中心的像素或者选区的水平中心。

(6)【右边】：将链接图层的最右端像素对齐到当前工作图层最右端的像素或者选区边框的最右端。

2. 图层的对齐与分布

下面具体介绍图层对齐与分布的操作。

1 打开素材文件	**2** 选择图层
打开随书光盘中的"素材\ch06\图12.psd"文件。 	在【图层】面板中按住【Ctrl】键的同时单击【图层1】、【图层2】、【图层3】和【图层4】。 

3 执行对齐命令

选择【图层】▶【对齐】▶【顶边】菜单命令。

4 查看效果

最终效果如下图所示。

3. 将链接图层间隔均匀地分布

在Photoshop中，可以将链接图层间隔均匀地分布。

1 打开素材文件并选择图层

打开随书光盘中的"素材\ch06\图12.psd"文件，在【图层】面板中按住【Ctrl】键的同时单击【图层1】、【图层2】、【图层3】和【图层4】。

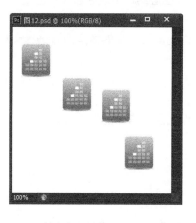

2 执行命令并查看效果

选择【图层】▶【分布】▶【顶边】菜单命令，最终效果如下图所示。

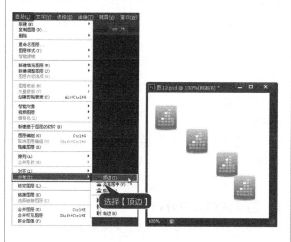

6.4.2 合并图层

合并图层即是将多个有联系的图层合并为一个图层，以便于进行整体操作。首先选择要合并的多个图层，然后选择【图层】▶【合并图层】菜单命令即可。也可以通过快捷键【Ctrl+E】来完成。

1. 合并图层的操作技巧

Photoshop提供了3种合并图层的方式。

合并图层 (E)	Ctrl+E
合并可见图层	Shift+Ctrl+E
拼合图像 (F)	

(1) 合并图层：在没有选择多个图层的状态下，可以将当前图层与其下面的图层合并为一个图层。也可以通过按【Ctrl+E】组合键来完成。

(2) 合并可见图层：将所有显示图层合并到背景图层中，隐藏图层被保留。也可以通过按【Shift+Ctrl+E】组合键来完成。

(3) 拼合图像：可以将图像中的所有可见图层都合并到背景图层中，隐藏图层则被删除。这样可以大大减小文件的大小。

2. 合并图层

下面介绍合并图层的具体操作方法。

1 打开素材文件并执行合并命令	**2 查看效果**
打开随书光盘中的"素材\ch06\图10.psd"文件，在【图层】面板中按住【Ctrl】键单击所有图层，再单击【图层】面板右上角的小三角 按钮，在弹出的菜单中选择【合并图层】命令。 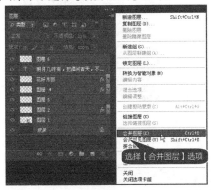	最终效果如下图所示。 

6.5 实例4——设置不透明度和填充

 本节视频教学时间：4分钟

打开【图层】面板，选择图层，可以对图层设置不透明度和填充。两者功能效果相似，但又有差异。

1 打开素材文件	**2 查看外发光效果**
打开随书光盘中的"素材\ch06\图27.psd"文件，选中【图层4】，双击该图层，打开【图层样式】对话框，在其中设置参数，为图像添加【外发光】混合效果，单击【确定】按钮。 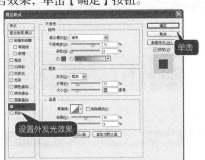	设置完成后的图像效果如下图所示。 

3 设置不透明度

在【图层】面板中设置【不透明度】为"50%"，图像效果如下图所示。

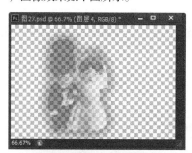

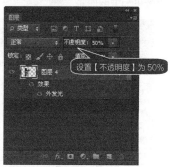

设置【不透明度】为50%

4 设置填充

将图像的【填充】设置为"50%"，图像效果如下图所示。

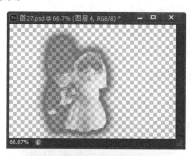

设置【填充】为50%

工作经验小贴士

【不透明度】可以对图像及其混合效果都生效，而【填充】只对图像本身有用，对混合效果无效。

6.6 实例5——设置【斜面和浮雕】样式

本节视频教学时间：5分钟

应用【斜面和浮雕】样式可以为图层内容添加暗调和高光效果，使图层内容呈现凸起的立体效果。

1 输入文字

新建画布，大小为400像素×200像素，输入文字"斜面与浮雕"，单击【添加图层样式】按钮，在弹出的【添加图层样式】菜单项中选择【斜面和浮雕】选项。

选择【斜面和浮雕】

2 查看效果

在弹出的【图层样式】对话框中进行参数设置，最终形成的立体文字效果如下图所示。

【斜面和浮雕】样式参数如下所述。

(1)【样式】下拉列表：在此下拉列表中共有5种模式可供选择，分别是内斜面、外斜面、浮雕效果、枕状浮雕和描边浮雕。

(2)【方法】下拉列表：在此下拉列表中有3个选项可供选择，分别是平滑、雕刻清晰和雕刻柔和。

【平滑】：选择该选项可以得到边缘过渡比较柔和的图层效果，也就是它得到的阴影边缘变化不尖锐。

【雕刻清晰】：选择该选项可以得到边缘变化明显的效果，与【平滑】相比，它产生的效果立体感特别强。

【雕刻柔和】：与【雕刻清晰】类似，但是它的边缘的色彩变化要稍微柔和一点。

(3)【深度】设置项：控制效果的颜色深度，数值越大得到的阴影越深，数值越小得到的阴影颜色越浅。

(4)【方向】设置项：用来切换亮部和阴影的方向。选中【上】单选项，则是亮部在上面；选中【下】单选项，则是亮部在下面。

(5)【大小】设置项：控制阴影面积的大小，拖动滑块或者直接更改右侧文本框中的数值可以得到合适的效果图。

(6)【软化】设置项：拖动滑块可以调节阴影的边缘过渡效果，数值越大边缘过渡越柔和。

(7)【角度】设置项：控制灯光在圆中的角度。圆中的【+】符号可以用鼠标移动。

(8)【使用全局光】复选框：决定应用于图层效果的光照角度。可以定义一个全角，应用到图像中所有的图层效果；也可以指定局部角度，仅应用于指定的图层效果。使用全角可以制造出一种连续光源照在图像上的效果。

(9)【高度】设置项：是指光源与水平面的夹角。

(10)【光泽等高线】设置项：这个选项的编辑和使用方法与前面提到的等高线的编辑方法是一样的。

(11)【消除锯齿】复选框：单击选中该复选框，在使用固定的选区做一些变化时，变化的效果不至于显得很突然，可使效果过渡变得柔和。

(12)【高光模式】下拉列表：相当于在图层的上方有一个带色光源，光源的颜色可以通过右侧的颜色块来调整，它会使图层达到许多种不同的效果。

(13)【阴影模式】下拉列表：可以调整阴影的颜色和模式。通过右侧的颜色块可以改变阴影的颜色，在下拉列表中可以选择阴影模式。

6.7 实例6——设置【外发光】样式

 本节视频教学时间：4分钟

应用【外发光】样式可以围绕图层内容的边缘创建外部发光效果。

单击【添加图层样式】按钮，在弹出的菜单中选择【外发光】选项，弹出【图层样式】对话框，然后对【外发光】选项参数进行设置。

(1)【方法】下拉列表：即边缘元素的模型，有【柔和】和【精确】两种。柔和的边缘变化比较模糊，而精确的边缘变化则比较清晰。

(2)【扩展】设置项：即边缘向外边扩展，可对外发光的宽度做细微的调整。

(3)【大小】设置项：用以控制阴影面积的大小，变化范围是0～250像素。

（4）【等高线】设置项：应用这个选项可以使图像产生立体的效果。单击其下拉菜单按钮会弹出等高线窗口，从中可以根据图像选择适当的模式。

（5）【范围】设置项：等高线运用的范围，其数值越大效果越不明显。

（6）【抖动】设置项：控制光的渐变，数值越大图层阴影的效果越不清楚，且会变成有杂色的效果；数值越小就会越接近清楚的阴影效果。

1 打开素材文件

打开随书光盘中的"素材\ch06\图18.jpg"文件，然后输入文字"Photoshop"。单击【添加图层样式】按钮 fx.，在弹出的菜单中选择【外发光】选项，弹出【图层样式】对话框，进行参数设置，单击【确定】按钮。

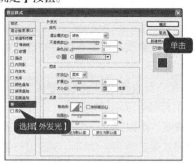

2 查看效果

最终效果如下图所示。

6.8 实例7——设置【描边】样式

本节视频教学时间：5分钟

应用【描边】样式可以为图层内容创建边线颜色，可以选择渐变或图案描边效果，这对轮廓分明的对象（如文字等）尤为适用。描边选项是用来给图像描上一个边框的，这个边框可以是一种颜色，也可以是渐变色，还可以是另一个样式，这可以在边框下拉菜单中选择。

1 设置参数

新建画布，大小为400像素×200像素，输入文字，单击【添加图层样式】按钮 fx.，在弹出的菜单中选择【描边】选项，弹出【图层样式】对话框，在【填充类型】下拉别表中选择【渐变】选项，并设置其他参数，单击【确定】按钮。

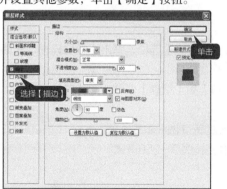

2 查看效果

形成的描边效果如下图所示。

【描边】样式选项参数如下所述。

(1)【大小】设置项：它的数值大小和边框的宽度成正比，数值越大图像的边框就越大。

(2)【位置】下拉列表：决定着边框的位置，可以是外部、内部或者中心，这些模式是以图层不透明区域的边缘为相对位置的。【外部】表示描边时边框在该区域的外边，默认的区域是图层中的不透明区域。

(3)【不透明度】设置项：控制制作边框的透明度。

(4)【填充类型】下拉列表：在下拉列表框中供选择的类型有颜色、图案和渐变3种，不同类型的窗口中选框的选项会不同。

6.9 实例8——图层混合模式的应用

本节视频教学时间：3分钟

应用【图案叠加】选项可以为图层内容套印图案混合效果。在原来的图像上加上一个图层图案的效果，根据图案颜色的深浅在图像上表现为雕刻效果。使用中要注意调整图案的不透明度，否则得到的图像可能只是一个放大的图案。

1 打开素材文件并进行设置

打开随书光盘中的"素材\ch06\图21.jpg"文件，将背景图层转化为普通图层。然后单击【添加图层样式】按钮 *fx*，在弹出菜单中选择【图案叠加】选项，弹出【图层样式】对话框，为图像添加图案，并设置其他参数。

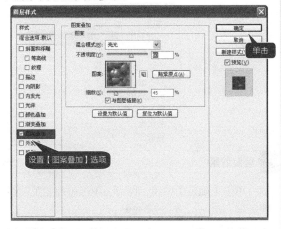

2 查看效果

单击【确定】按钮，最终效果如图所示。

举一反三

本章学习了图层的基础应用。读者可以利用图层对齐分布的知识，制作一个均匀分布且顶部对齐的导航栏标题，也可以适当为标题做图层样式处理，如投影等。

网站首页　公司简介　二手车信息　常见问题　购车流程　付款方式　联系我们

高手私房菜

技巧：为图像添加纹理效果

在为图像添加【斜面和浮雕】效果的过程中，如果单击选中【斜面和浮雕】选项下的【纹理】复选框，则可以为图像添加纹理效果。

1 打开素材

打开随书光盘中的"素材\ch06\图26.JPG"图像文件。

2 打开【新建图层】对话框

在【图层】面板中双击【背景】图层后面的锁图标，即可打开【新建图层】对话框。

3 将背景层转化成普通图层

单击【确定】按钮，即可将背景图层转换成普通图层。

4 选择【斜面和浮雕】选项

双击【图层0】图层或在【图层】面板中单击【添加图层样式】按钮，从弹出的菜单中选择【斜面和浮雕】选项。

5 设置参数

打开【图层样式】对话框，在其中单击选中【斜面和浮雕】选项下的【纹理】复选框，在打开的设置界面中根据需要设置纹理参数。

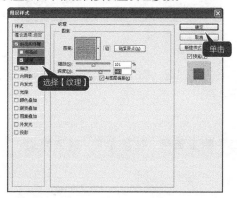

6 查看效果

单击【确定】按钮，即可为图像添加相关的纹理效果。

第7章

蒙版与通道的应用

 本章视频教学时间：1 小时 17 分钟

在Photoshop中有一些具有特殊功能的图层，使用这些图层可以在不改变图层中原有图像的基础上制作出多种特殊效果，这就是蒙版。另外，Photoshop中的通道有多种用途，它可以显示图像的分色信息、存储图像的选取范围和记录图像的特殊色信息。

【学习目标】

📑 通过本章的学习，读者可以了解蒙版与通道的应用技巧。

【本章涉及知识点】

📑 掌握剪贴蒙版的应用方法

📑 掌握图层蒙版的应用方法

📑 掌握复合通道的应用方法

📑 掌握专色通道的应用方法

7.1 实例1——【应用图像】命令：校正偏红图片

本节视频教学时间：7分钟

【应用图像】命令可以对图像的图层和通道进行混合与蒙版操作，可以用于执行色彩调整等工作。例如拍摄的图片由于曝光等问题，有可能会发红，这种图片就可以使用【应用图像】命令进行调整，具体操作方法如下。

1 打开素材

打开随书光盘中的"素材\ch07\图1.jpg"文件。

2 设置【应用图像】

选择【图像】➤【应用图像】菜单命令，弹出【应用图像】对话框，在【源】选项区域的【通道】下拉列表中选择"绿"，在【混合】下拉菜单中选择"滤色"，将【不透明度】设为"50%"，单击选中【蒙版】复选框，在【图像】选项区域的【通道】下拉列表中选择"绿"，并单击选中【反相】复选框。设置完成后单击【确定】按钮。

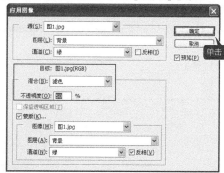

3 单击【确定】按钮

打开【应用图像】对话框，使用同样的方法对蓝色通道执行滤色操作。打开【应用图像】对话框，在【源】选项区域的【通道】下拉列表中选择"RGB"，在【混合】下拉列表中选择"变暗"，【不透明度】设置为"100%"，单击【确定】按钮。

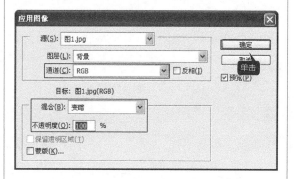

4 设置【应用图像】

打开【应用图像】对话框，在【源】选项区域的【通道】下拉列表中选择"红"，在【混合】下拉列表中选择"正片叠底"，将【不透明度】设置为"100%"，单击选中【蒙版】复选框，在【图像】选项区域的【通道】下拉列表中选择"绿"，单击选中【反相】复选框，单击【确定】按钮。返回图像，可以看到红色已经减淡，但是还是有些微微泛红，可以使用曲线工具再做微调。

| 5 | 打开【曲线】对话框 | 6 | 查看效果 |

选择【图像】▶【调整】▶【曲线】菜单命令，打开【曲线】对话框，在【通道】下拉列表中选择"红"，单击曲线中间，并向下拖动，图像颜色调整差不多时释放鼠标，单击【确定】按钮。

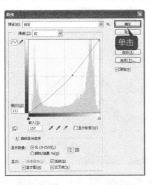

调整结束后，图像已经没有泛红的感觉。

7.2 实例2——剪贴蒙版：玫瑰花图像

 本节视频教学时间：6分钟

剪贴蒙版是一种非常灵活的蒙版，它可以使用下层图层中图像的形状来限制上层图像的显示范围，通过一个图层来控制多个图层的显示区域。剪贴蒙版的创建和修改方法都非常简单，下面使用自定义形状工具剪贴蒙版特效，具体操作方法如下。

| 1 | 选择【自定形状工具】 | 2 | 选择【栅格化文字】菜单命令 |

打开随书光盘中的"素材\ch07\图2.jpg"文件。设置前景色为黑色，新建一个图层【图层1】，选择【自定形状工具】 ，然后在属性栏中单击【点按可打开"自定形状"拾色器】按钮，在弹出的下拉列表中选择第3排第5个"红心形卡"。

将新建的图层放到最上方，在画面中拖动鼠标绘制该形状。然后选择【直排文字蒙版工具】 ，在画面中输入文字，设置字体为"华文琥珀"，字号为"50点"。设置完成后在文字图层上单击鼠标右键，在弹出的快捷菜单中选择【栅格化文字】命令。

---

3 将合并后的图层放到图层0下方

将添加的文字图层和【图层1】合并，并将合并后的图层放到【图层0】下方。

4 将图层颜色设置为深灰色

选中【图层0】，选择【图层】➤【创建剪贴蒙版】菜单命令，为其创建一个剪贴蒙版。新建图层，放置到最底层，将图层颜色设置为深灰色，为剪贴蒙版制作一个背景。

7.3 实例3——快速蒙版：简易边框

本节视频教学时间：7分钟

应用快速蒙版，会在图像上创建一个临时的屏蔽层，可以保护所选区域免于被操作，而处于蒙版范围外的地方则可以进行编辑与处理。使用快速蒙版为图像制作简易边框的具体操作步骤如下。

1 创建一个矩形选区

打开随书光盘中的"素材\ch07\图3.jpg"文件。使用【矩形选框工具】 在图像中创建一个矩形选区。

2 进入快速蒙版编辑模式

单击工具箱下方的【以快速蒙版模式编辑】按钮，或按【Q】键进入快速蒙版编辑模式。

3 设置参数

选择【滤镜】➤【扭曲】➤【波浪】菜单命令，弹出设置对话框，按照下图所示设置参数，单击【确定】按钮。

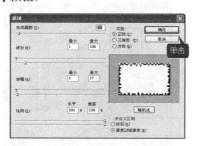

4 单击【确定】按钮

返回图像界面，图像四周添加了简易的边框。

5	选择【反选】菜单命令

按【Q】键退出快速蒙版编辑模式，得到一个新的选区。选择【选择】➤【反选】菜单命令，按【Delete】键将反选后的选区删除。

6	保存图片

新建图层并置于底部，填充为白色。按【Ctrl+D】组合键取消选择，这样图像简易边框制作完成，选择【文件】➤【存储为】菜单命令，将图像保存为JPG格式即可。

7.4 案例4——图层蒙版：水中倒影

本节视频教学时间：11分钟

图层蒙版是加在图层上的一个遮盖，通过创建图层蒙版可以隐藏或显示图像中的部分或全部。

在图层蒙版中，纯白色区域可以遮罩下面图层中的内容，显示当前图层中的图像；蒙版中的纯黑色区域可以遮罩当前图层中的图像，显示出下面图层中的内容；蒙版中的灰色区域会根据其灰度值使当前图层中的图像呈现出不同层次的透明效果。

如果要隐藏当前图层中的图像，可以使用黑色涂抹蒙版；如果要显示当前图层中的图像，可以使用白色涂抹蒙版；如果要使当前图层中的图像呈现半透明效果，则可以使用灰色涂抹蒙版。

使用图层蒙版制作水中倒影的具体操作方法如下。

1	复制当前图层

打开随书光盘中的"素材\ch07\图4.jpg"文件。按组合键【Ctrl+J】复制当前图层，生成新图层。

2	弹出【画布大小】对话框

选择【图像】➤【画布大小】菜单命令，弹出【画布大小】对话框，将画布高度加大一倍。

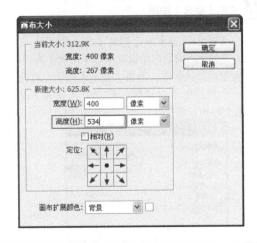

3	选择【垂直翻转】菜单命令

选中【图层1】，选择【编辑】▶【变换】▶【垂直翻转】菜单命令，并将翻转后的图像垂直移动到下方，和已有的背景图层对接。

4	将翻转后的图片选为选区

选择【图层1】，选择【魔棒工具】，【容差】设置为"255"，将翻转后的图片选为选区，再使用【渐变工具】绘制垂直方向的黑白渐变。

5	打开【半调图案】对话框

新建一个图层填充为白色，再按【D】键把前背景颜色恢复到默认的黑白，选择【滤镜】▶【滤镜库】菜单命令，打开【滤镜库】对话框，在其中选择【素描】▶【半调图案】选项，打开【半调图案】对话框，在【图案类型】下拉列表中选择"直线"，【大小】设置为"7"，【对比度】设置为"50"，单击【确定】按钮。

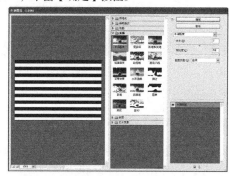

6	保存图片

选择【滤镜】▶【模糊】▶【高斯模糊】菜单命令，【半径】设置为"4"，单击【确定】按钮。按【Ctrl+S】组合键保存文件为PSD格式，名称可自行定义。保存后把上一步中制作的黑白线条图层隐藏，新建一个图层，再按组合键【Ctrl+Shift+Alt+E】盖印图层。

7	单击【确定】按钮

选择【滤镜】▶【扭曲】▶【置换】菜单命令，在弹出的对话框中设置【水平比例】为"4"，其他参数默认配置，单击【确定】按钮，打开【选取一个置换图】对话框，在其中选择上文保存的PSD文件为置换文件。

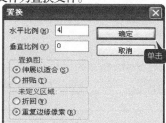

8	查看效果

图层蒙版制作结束，已经可以看到三朵花的水中倒影，而且还呈现了波纹的效果。

7.5 实例5——矢量蒙版：雅致生活

 本节视频教学时间：7分钟

矢量蒙版是由钢笔或者形状工具创建的，与分辨率无关的蒙板，它通过路径和矢量形状来控制图像的显示区域，常用来创建Logo、按钮、面板或其他Web设计元素。

下面来讲解使用矢量蒙版为图像添加心形的方法。

1 缩放和移动图层

打开随书光盘中的"素材\ch07\图6.jpg"和"素材\ch07\图7.jpg"文件。使用【移动工具】将图7.jpg移动到图6.jpg文件中，生成【图层1】。选择【编辑】▶【自由变换】菜单命令，对【图层1】的图片进行缩放和移动操作，移动到合适的位置。

2 选择【自定形状工具】

隐藏【图层1】，设置前景色为黑色。选择【自定形状工具】，并在属性栏中将工具模式设置为【路径】，再单击【点按可打开"自定形状"拾色器】按钮，在弹出的下拉列表中选择第3排第5个"红心形卡"。在图中合适的位置绘制红心，并使用【Ctrl+T】组合键对形状进行变形。

3 蒙版效果生成

红心路径调整到合适位置后，按【Enter】键。设置【图层1】可见，选择【图层】▶【矢量蒙版】▶【当前路径】菜单命令，蒙版效果生成。

4 保存图片

选择【文件】▶【存储为】菜单命令，将图像保存到指定目录，图像格式为JPG。

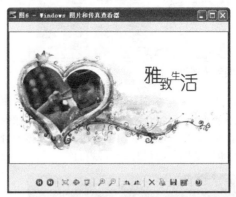

7.6 实例6——复合通道：制作雪景效果

 本节视频教学时间：8分钟

使用复合通道可以制作出积雪的效果，具体操作步骤如下。

1 选择【复制图层】菜单命令

打开随书光盘中的"素材\ch07\图8.jpg"文件。切换到【图层】面板，在【背景】图层上单击鼠标右键，在弹出的快捷菜单中选择【复制图层】菜单命令，为新图层命名为"图层1"。

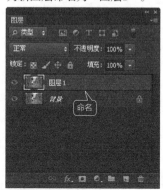

2 生成新通道【绿 副本】

选择【图层1】，进入【通道】面板，选择比较清晰的通道，本实例选择【绿】通道，拖动到【创建新通道】按钮上，生成新通道【绿 副本】。

3 弹出【胶片颗粒】对话框

选择【绿 副本】通道，选择【滤镜】▶【滤镜库】菜单命令，打开【滤镜库】对话框，在其中选择【艺术效果】▶【胶片颗粒】选项，弹出【胶片颗粒】对话框，根据需求调整【颗粒】、【高光区域】、【强度】参数，单击【确定】按钮。

4 使用【Ctrl+C】组合键复制选区

返回【通道】面板，选择【绿 副本】通道，单击面板下方的【将通道作为选区载入】按钮，生成选区，再按【Ctrl+C】组合键复制选区。

5 切换到【图层】面板

切换到【图层】面板，新建图层，选中新图层，按【Ctrl+V】组合键粘贴复制的选区，图像已经基本呈现出被积雪覆盖的感觉，但是女孩的身体和脸也被复制的选区覆盖，呈现白色。

6 擦除多余的白色

选择【橡皮擦工具】，在【属性】面板中适当调整【大小】、【硬度】、【不透明度】、【流度】等参数，然后将需女孩脸部和身体上过多的白色擦除。

7.7 实例7——颜色通道：抠出文字Logo

本节视频教学时间：9分钟

颜色通道是在打开新图像时自动创建的通道，它们记录了图像的颜色信息。图像的颜色模式不同，颜色通道的数量也不相同。RGB图像中包含【红】、【绿】、【蓝】通道和一个用于编辑图像的复合通道，CMYK图像包含【青色】、【洋红】、【黄色】、【黑色】通道和一个复合通道，Lab图像包含【明度】、a、b通道和一个复合通道，位图、灰度、双色调和索引颜色图像都只有一个通道。

  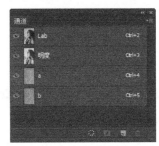

下面使用颜色通道抠出图像中的文字Logo。

1 只显示【红】通道

打开随书光盘中的"素材\ch07\2.jpg"文件。打开【通道】面板，取消【绿】和【蓝】两个通道的显示，只显示【红】通道，可以看出图像中的文字Logo和周围图像的颜色差别最明显。

2 生成新通道"红 副本"

按住【Ctrl】键拖动【红】通道到面板下方的【新建通道】按钮上，产生【红 副本】通道。

3 弹出【色阶】对话框

选择【编辑】▶【调整】▶【色阶】菜单命令，弹出【色阶】对话框，调整色阶滑块，将黑色和白色滑块向中间滑动，使文字更黑，文字周边的颜色更淡，然后单击【确定】按钮。

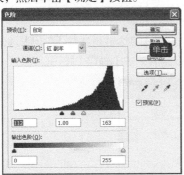

4 用橡皮擦擦除多余的黑色区域

将前景色设置为白色，选择【橡皮擦工具】，先使用值较大的橡皮擦擦除多余的黑色区域，再使用较小的橡皮擦将文字Logo周围的多余颜色擦除。

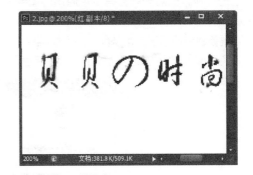

5 选择【加深工具】

擦除后，得到黑色的文字以及白色的背景，由于调整色阶的问题，文字可能出现锯齿边，选择【加深工具】，再多次单击文字Logo。

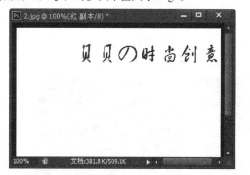

6 将白色区域生成为选区

按住【Ctrl】键单击【通道】面板中的【红 副本】通道，将白色区域生成为选区，然后选择图像图层，除了文字Logo外，所有图像都在选区中。

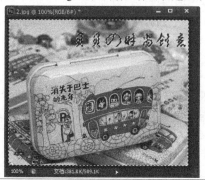

7 删除选区内容

按【Delete】键，删除选区内容，再按【Ctrl+D】组合键取消选区，得到完整的文字Logo。

8 去掉多余的空白区域

选择工具箱中的【裁剪工具】 ，拖动鼠标选中图像中除了文字Logo以外的部分，按【Enter】键执行裁剪操作，去掉多余的空白区域。

工作经验小贴士

做好的文字Logo应该保存为PNG格式，因为PNG格式的文件可使用透明背景。

7.8 实例8——专色通道：制作人物剪影

本节视频教学时间：3分钟

专色通道是一种特殊的混合油墨，一般用来替代或者附加到图像颜色油墨中。专色通道都有属于自己的印板，在对一张含有专色通道的图像进行印刷输出时，专色通道会作为单独的一页被打印出来。

要新建专色通道，可从面板的下拉菜单中选择【新建专色通道】命令或者按住【Ctrl】键单击【新建专色通道】按钮 ，即可弹出【新建专色通道】对话框，设定后单击【确定】按钮。

(1)【名称】文本框：可以给新建的专色通道命名。默认情况下将自动命名为专色1、专色2等，依此类推。

(2)【颜色】设置项：用于设定专色通道的颜色。

(3)【密度】参数框：可以设定专色通道的密度，其范围在0%～100%。这个选项的功能对实际的打印效果没有影响，只是在编辑图像时可以模拟打印的效果。这个选项类似于蒙版颜色的【透明度】。

1 选中人物选区

打开随书光盘中的"素材\ch07\人物剪影.psd"文件。打开【通道】面板，按住【Ctrl】键单击【Alpha 1】通道，在图像中选中人物选区。

2 单击【颜色】色块

按住【Ctrl】键单击【通道】面板下方的【创建新通道】 按钮，弹出【新建专色通道】对话框，单击【颜色】色块。

3 弹出【选择专色】对话框

弹出【拾色器（专色）】对话框，设置颜色为"黑色"，R、G和B三个参数分别设置为"0"，单击【确定】按钮。

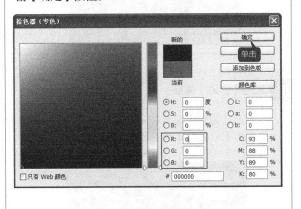

4 查看效果

返回【新建专色通道】对话框，单击【确定】按钮。至此，人物剪影制作成功，如图所示。

7.9 实例9——Alpha通道：制作金属字效果

本节视频教学时间：11分钟

Alpha通道是用来保存选区的，它可以将选区存储为灰度图像，我们可以通过添加Alpha通道来创建和存储蒙版，这些蒙版用于处理或保护图像的某些部分。Alpha通道与颜色通道不同，它不会直接影响图像的颜色。

在Alpha通道中，默认情况下白色代表选区；黑色代表非选区；灰色代表了被部分选择的区域状态，即羽化的区域。

下面介绍利用Alpha通道制作金属字效果的方法，具体操作步骤如下。

第1步：添加文字

1 新建文件并设置前景色

选择【文件】▶【新建】菜单命令，弹出【新建】对话框，设置文件大小为1200像素×600像素，分辨率为300像素/英寸，单击【确定】按钮。单击工具箱中的前景色按钮，弹出【拾色器（前景色）】对话框，设置颜色为"灰色"，R、G和B文本框中分别设置为"150"，然后单击【确定】按钮。

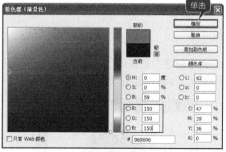

2 选择【栅格化文字】菜单命令

使用工具箱中的【横排文字工具】添加文字图层，文本内容为"贝贝の时尚创意"，在新建的文字图层上单击鼠标右键，在弹出的快捷菜单中选择【栅格化文字】菜单命令。

第2步：设置金属质感

1 选择默认选区名称

按住【Ctrl】键单击文字图层，选择文字为选区，选择【选择】▶【存储选区】菜单命令，弹出【存储选区】对话框，可在【名称】文本框中输入选区名称（本实例不设置名称），单击【确定】按钮。

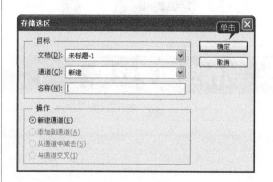

2 返回【通道】面板

返回【通道】面板，未设置存储选区名，自动生成名为【Alpha 1】的新通道。

3 弹出【高斯模糊】对话框

选中【Alpha 1】通道,选择【滤镜】➤【模糊】➤【高斯模糊】菜单命令,弹出【高斯模糊】对话框,设置【半径】值为"5像素",单击【确定】按钮。

4 打开【图层样式】对话框

返回【图层】面板,选中文字图层,单击【图层样式】按钮,在弹出的菜单中选择【斜面与浮雕】,打开【图层样式】对话框,在其中设置相关参数,单击【确定】按钮。

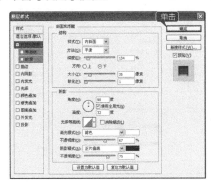

5 取消选区

返回图像界面,按【Ctrl+D】组合键取消选区,效果如图所示。

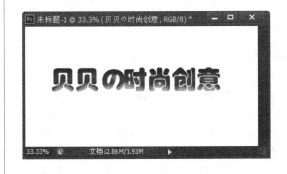

6 适当调整曲线

返回图像界面,文字金属立体效果更加明显,有质感。选择【编辑】➤【调整】➤【曲线】菜单命令,弹出【曲线】对话框,适当调整曲线,如图所示,单击【确定】按钮。

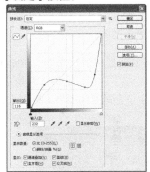

第3步:设置金属颜色

1 设置前景色为金黄色

单击前景色按钮,弹出【拾色器(前景色)】对话框,设置前景色为金黄色,单击【确定】按钮。

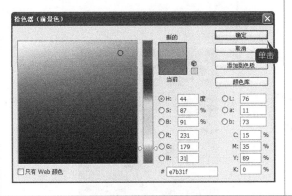

2 在文字图层上方新建图层

在文字图层上方新建图层,按住【Ctrl】键单击文字图层,在新建的图层中生成文字选区,使用【油漆桶工具】为选区填充前景色,如图所示。

3 弹出【图层样式】对话框

双击新建图层，弹出【图层样式】对话框，设置【混合模式】为"亮光"，【不透明度】为"65%"，单击【确定】按钮。

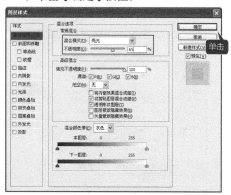

4 查看效果

返回图像界面，文字带有了完美的金色金属质感。

7.10 实例10——计算：制作灰色图像效果

本节视频教学时间：8 分钟

计算用于混合两个来自一个或多个源图像的单个通道，然后将结果应用到新图像或新通道中。

下面使用【计算】功能制作灰色图像效果，具体操作步骤如下。

1 复制【背景】图层

打开随书光盘中的"素材\ch07\10.jpg"文件。打开【图层】面板，选择【背景】图层，然后按【Ctrl+J】组合键复制图层，得到【背景 副本】图层。

2 打开【通道】面板

选中【背景】图层，选择【图像】▶【计算】菜单命令，弹出【计算】对话框，把【源1】和【源2】选项组中的【图层】和【通道】分别设为背景和灰色，单击选中【源2】选项组中的【反相】复选框，在【混合】下拉列表中选择"正片叠底"，【不透明度】为"100%"，单击【确定】按钮。打开【通道】面板，产生新通道【Alpha 1】，单击面板下方的【将通道作为选区载入】按钮 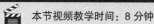。

3 打开【色阶】调整面板

　　返回【图层】面板，单击下方的【创建新的填充或调整图层】按钮，在弹出的菜单中选择【色阶】选项，打开色阶属性面板，在RGB通道下把输入色阶设为"0、3.65、255"，输出色阶设为"0、255"。

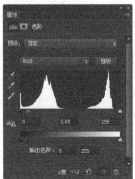

4 打开【通道混合器】调整面板

　　在【图层】面板中单击【创建新的填充或调整图层】按钮，在弹出的菜单中选择【通道混合器】选项，打开通道混合器属性面板，在【输出通道】下拉列表中选择灰色，单击选中【单色】复选框，拖动颜色滑条，直至调整满意为止。

5 弹出【高斯模糊】对话框

　　选择最顶端的【背景 副本】图层，选择【滤镜】▶【模糊】▶【高斯模糊】菜单命令，弹出【高斯模糊】对话框，设置【半径】为"10像素"，单击【确定】按钮。

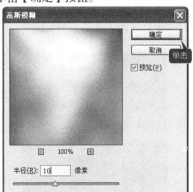

6 将【混合模式】设为柔光

　　选择【图层】▶【图层样式】▶【混合选项】菜单命令，弹出【图层样式】对话框，将【混合模式】设为"柔光"，按住【Alt】键调节混合颜色带，至效果满意为止，单击【确定】按钮。

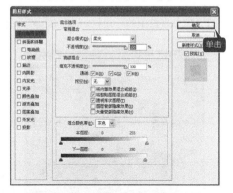

7 返回【图层】面板

　　返回【图层】面板，新建一个图层，按【Ctrl+Alt+Shift+E】组合键盖印可见图层。

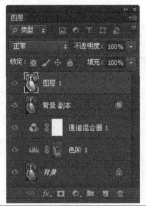

8 灰色图像效果生成

　　打开【通道】面板，将【Alpha 1】通道设置为"不可见"，灰色图像效果生成。

举一反三

本章学习了通道和蒙版的相关知识，主要讲解了蒙版与通道在实例中的运用。除此之外与之类似的还有，使用通道制作透明婚纱、使用图层蒙版中的水中倒影将小河制作成山路等。

 # 高手私房菜

技巧：如何在通道中改变图像的色彩

颜色通道中存储着图像的颜色信息。图像色彩调整命令主要是通过对通道的调整来起作用的，其原理就是通过改变不同色彩模式下颜色通道的明暗分布来调整图像的色彩。

利用颜色通道调整图像色彩的操作步骤如下。

1 打开素材

打开随书光盘中的"素材\ch07\08.jpg"图像。

2 打开【通道】面板

选择【窗口】▶【通道】菜单命令，打开【通道】面板。

3 打开【色阶】对话框

选择【红】通道，然后选择【图像】▶【调整】▶【色阶】菜单命令，打开【色阶】对话框，设置其中的参数。

4 查看效果

单击【确定】按钮调整图像的色彩后的效果如下图所示。

第8章

路径与矢量工具

 本章视频教学时间：1 小时 4 分钟

本章主要介绍了路径的基本操作、矢量工具的基本概念及常用矢量工具的操作方法。学习本章时应多多尝试各种路径在实例操作中的应用，这样可以加强学习效果。

【学习目标】

通过本章的学习，读者可以掌握路径与矢量工具的使用方法。

【本章涉及知识点】

掌握【路径】面板的使用方法

掌握矢量工具的使用方法

8.1 实例1——使用【路径】面板

 本节视频教学时间：19分钟

在图像编辑中，路径非常有用，下面将简单介绍路径的基本操作，如路径的选取、保存和剪贴等。

8.1.1 选择并显示路径

当已存在多个路径时，可以根据需要选择路径显示，只要在【路径】面板中单击需要显示的路径，其就会在图像中显示出来。

8.1.2 保存工作路径

绘制生成工作路径后，【路径】面板中会显示工作路径记录，但是如果不将已经生成的路径保存，再生成新路径时，会自动清除原有路径，即【路径】面板中只有一个【工作路径】记录。

通过双击【工作路径】，会弹出【存储路径】对话框，在【名称】文本框输入路径名称后单击【确定】按钮，可以将路径保存。再次生成新的路径时，保存的【路径1】不会被清除，新生成的路径依然采用默认名"工作路径"。

8.1.3 创建新路径

单击【创建新路径】按钮后，再使用【钢笔工具】建立路径，路径将被保存。在按住【Alt】键的同时单击此按钮，则可弹出【新建路径】对话框，可以为生成的路径重命名。

在按住【Alt】键的同时将已存在的路径拖曳到【创建新路径】按钮上，则可实现对路径的复制操作并得到该路径的副本。

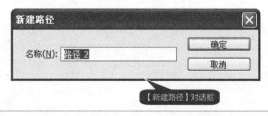

8.1.4 剪贴和删除路径

如果要将Photoshop中的图像输出到专业的页面排版程序，例如InDesign、PageMaker等软件时，可以通过剪贴路径来定义图像的显示区域。在输出到这些程序中以后，剪贴路径以外的区域将变为透明区域。下面就来讲解一下剪贴路径的输出方法。

1 打开素材

打开随书光盘中的"素材\ch08\苹果.jpg"图像。

2 创建路径

选择【钢笔工具】 ，在苹果图像周围创建路径。

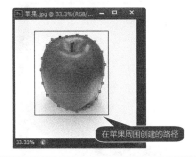

在苹果周围创建的路径

3 设置路径名称

在【路径】面板中双击【工作路径】，在弹出的【存储路径】对话框中输入路径的名称，然后单击【确定】按钮。

4 查看效果

此时可看到储存的路径。

存储的路径

5 剪切路径

单击【路径】面板右上角的小三角按钮，选择【剪贴路径】命令，在弹出的【剪贴路径】对话框中设置路径的名称和展平度（定义路径由多少个直线片段组成），然后单击【确定】按钮。

6 存储文件

选择【文件】▶【存储】菜单命令，在弹出的【存储为】对话框中设置文件的名称、保存的位置和文件存储格式，然后单击【保存】按钮。

【存储为】对话框

工作经验小贴士

将已存在的路径拖曳到【删除当前路径】按钮 上可将该路径删除。也可以选中路径后按【Delete】键将路径删除，按住【Alt】键单击【删除当前路径】按钮可将路径直接删除。

8.1.5 填充路径

单击【路径】面板中的【用前景色填充】按钮，可以用前景色对路径进行填充。

1. 用前景色填充路径

1 绘制路径	**2** 填充前景色
新建一个10厘米×10厘米的文档，再使用【自定形状工具】绘制一个路径。	单击【用前景色填充路径】按钮即可填充前景色。

2.【用前景色填充】使用技巧

按住【Alt】键单击【用前景色填充】按钮可弹出【填充路径】对话框，在该对话框中可设置【使用】的方式、混合模式及渲染的方式，设置完成之后单击【确定】按钮即可对路径进行填充。

8.1.6 描边路径

单击【用画笔描边路径】按钮可以实现对路径的描边。

1. 用画笔描边路径

下面介绍使用画笔描边路径的方法。

1 绘制路径	**2** 填充路径
新建一个10厘米×10厘米的文档，再使用【自定形状工具】绘制一个路径。	单击【用画笔描边路径】按钮即可描边路径。

2.【用画笔描边路径】使用技巧

描边情况与画笔的设置有关，所以要对描边进行控制，就需要先对画笔进行相关设置（例如画笔的大小和硬度等）。按住【Alt】键的同时单击【用画笔描边路径】按钮，弹出【描边路径】对话框，设置完描边的方式后单击【确定】按钮即可对路径进行描边。

8.1.7 路径与选区的转换

单击【将路径作为选区载入】按钮可以将路径转换为选区进行操作，也可以按组合键【Ctrl+Enter】完成这一操作。

1 打开素材	**2** 创建选区
打开随书光盘中的"素材\ch08\美女.jpg"图像。	选择【快速选取工具】，在美女图像以外的白色区域创建选区。

3 将选区转换为路径	**4** 将路径载入为选区
按【Ctrl+Shift+I】组合键反选选区，在【路径】面板中单击【从选区生成工作路径】按钮，将选区转换为路径。	单击【将路径作为选区载入】按钮，即可将路径载入为选区。

8.2 实例2——使用矢量工具

本节视频教学时间：45分钟

矢量工具可以用来绘制矢量图像，常见的矢量工具有形状工具和钢笔工具，下面将详细介绍矢量工具的基础知识及使用方法。

8.2.1 矢量工具创建的内容

Photoshop中的矢量工具可以创建不同类型的对象，包括形状图层、工作路径和填充像素。在选择了矢量工具后，要在工具选项栏中按下相应的按钮，指定一种绘制模式，然后才能进行操作。

1. 形状图层

使用形状工具或钢笔工具可以创建形状图层，形状中会自动填充当前的前景色，但也可以更改为其他颜色、渐变或图案来进行填充；形状的轮廓存储在链接图层的矢量蒙版中。

在工具选项栏中单击【选择工具模式】按钮，在弹出的下拉列表中选择【形状】选项，可在单独的形状图层中创建形状。形状图层由填充区域和形状两部分组成，填充区域定义了形状的颜色、图案和图层的不透明度；形状则是一个矢量蒙版，它定义图像显示和隐藏的区域。而且形状是路径，它出现在【路径】面板中。

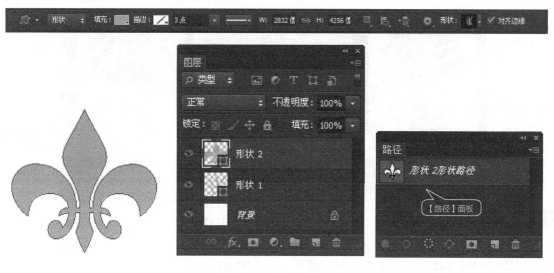

2. 工作路径

【路径】面板中显示了存储的路径、当前工作路径和当前矢量蒙版的名称和缩览图像。减小缩览图的大小或将其关闭，可在【路径】面板中列出更多路径；而关闭缩览图可提高性能。要查看路径，必须先在【路径】面板中选择路径名。

在工具选项栏中单击【选择工具模式】按钮，在弹出的下拉列表中选择【路径】选项，即可绘制工作路径，它出现在【路径】面板中。创建工作路径后，可以使用它来创建选区、创建矢量蒙版或者对路径进行填充和描边，从而得到光栅化的图像。

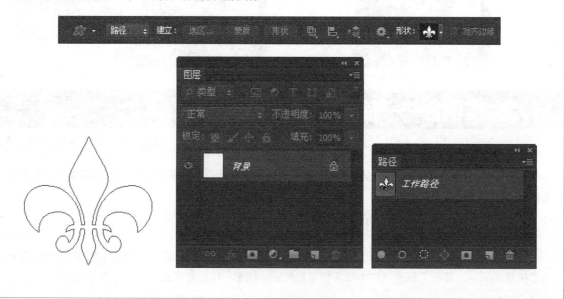

3. 填充区域

在工具选项栏中单击【选择工具模式】按钮，在弹出的下拉列表中选择【像素】选项，绘制的将是光栅化的图像，而不是矢量图形。在创建填充区域时，Photoshop使用前景色作为填充颜色，此时【路径】面板中不会创建工作路径，【图层】面板中可以创建光栅化图像，但不会创建形状图层。该选项不能用于钢笔工具，只有使用各种形状工具时（矩形工具、椭圆工具、自定形状等工具）才能使用。

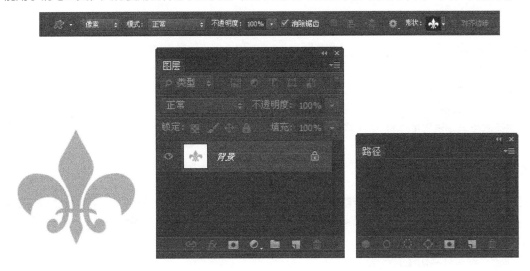

8.2.2 了解路径

路径可以转换为选区，也可以进行填充或者描边。

1. 路径的特点

路径是不包含像素的矢量对象，与图像是分开的，并且不会被打印出来，因而也更易于重新选择、修改和移动。修改后不会影响图像效果。

2. 路径的组成

路径由一个或多个曲线段、直线段、方向点、锚点和方向线构成。

在【路径】面板中可以对路径快速而方便地进行管理。【路径】面板可以说是集编辑路径和渲染路径的功能于一身，可以完成从路径到选区和从自由选区到路径的转换，还可以对路径施加一些效果，使得路径看起来不那么单调。【路径】面板如下图所示。

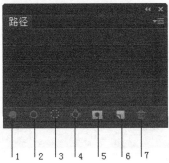

1. 用前景色填充路径
用前景色填充路径区域。

2. 用画笔描边路径

用【画笔工具】描边路径。

3. 将路径作为选区载入

将当前的路径转换为选区。

4. 从选区生成工作路径

从当前的选区中生成工作路径。

5. 添加蒙版

为当前路径添加蒙版

6. 创建新路径

单击可创建新的路径。

7. 删除当前路径

单击可删除当前选择的路径。

8.2.3 了解锚点

锚点又称为定位点，它的两端会连接直线或曲线。基于控制柄和路径的关系，锚点可分为以下3种不同性质。

(1) 平滑点：方向线是一体的锚点。

(2) 角点：没有公共切线的锚点。

(3) 拐点：控制柄独立的锚点。

工作经验小贴士

锚点被选中时为一个实心方点，不选中时是空心方点。控制点在任何时候都是实心方点，而且比锚点小。

8.2.4 使用形状工具

使用形状工具可以方便地绘制出许多特定的形状，还可以通过形状的运算及自定义形状让形状更加丰富。

1. 绘制规则形状

Photoshop提供了5种绘制规则形状的工具，分别为【矩形工具】、【圆角矩形工具】、【椭圆工具】、【多边形工具】和【直线工具】。

(1) 绘制矩形：使用【矩形工具】![icon]可以很方便地绘制出矩形或正方形。

选中【矩形工具】![icon]，然后在画布上单击并拖曳鼠标即可绘制出所需要的矩形，若在拖曳鼠标时按住【Shift】键则可绘制出正方形。

矩形工具的属性栏如下。

■ ▾	形状 ‡	填充：■ 描边：／ 3点	▾ ── W:	∞ H:	■ ■ ♦ ✓对齐边缘

单击![icon]右侧的三角按钮会出现矩形工具选项菜单，其中包括【不受约束】、【方形】、【固定大小】、【比例】及【从中心】等选项。

矩形工具选项菜单

① 【不受约束】单选项：选中此单选项，矩形的形状完全由鼠标的拖曳决定。

② 【方形】单选项：选中此单选项，绘制的矩形为正方形。

③ 【固定大小】单选项：选中此单选项，可以在【W：】参数框和【H：】参数框中输入所需的宽度和高度值，默认单位为像素。

④ 【比例】单选项：选中此单选项，可以在【W：】参数框和【H：】参数框中输入所需的宽度和高度的整数比。

⑤ 【从中心】复选框：单击选中此复选框，拖曳矩形时鼠标指针的起点则为矩形的中心。

(2) 绘制圆角矩形：使用【圆角矩形工具】可以绘制具有平滑边缘的矩形。其使用方法与【矩形工具】相同，只需用鼠标在画布上拖曳即可。

【圆角矩形工具】的属性栏与【矩形工具】的相同，只是多了【半径】参数框。

【半径】参数框用于控制圆角矩形的平滑程度，输入的数值越大越平滑，输入0时则为矩形，有一定数值时则为圆角矩形。

(3) 绘制椭圆：使用【椭圆工具】可以绘制椭圆，按住【Shift】键拖曳可以绘制圆。【椭圆工具】的属性栏的用法和前面所介绍的属性栏用法基本相同，这里不再赘述。

(4) 绘制多边形：使用【多边形工具】可以绘制出所需的正多边形。绘制时鼠标指针的起点为多边形的中心，而终点则为多边形的一个顶点。

【多边形工具】的属性栏如下图所示。

【边】参数框用于输入所需绘制的多边形的边数。

单击属性栏中右侧的下三角按钮，可打开多边形选项设置面板。

多边形选项设置面板

多边形选项包括半径、平滑拐角、星形、缩进边依据和平滑缩进等。

① 【半径】参数框：用于输入多边形的半径长度，单位为像素。

②【平滑拐角】复选框：单击选中此复选框，可使多边形具有平滑的顶角。多边形的边数越多越接近圆形。

③【星形】复选框：单击选中此复选框，可使多边形的边向中心缩进呈星状。

④【缩进边依据】设置框：用于设定边缩进的程度。

⑤【平滑缩进】复选框：只有单击选中【星形】复选框时此复选框才可选。单击选中【平滑缩进】复选框可使多边形的边平滑地向中心缩进。

(5) 绘制直线：使用【直线工具】可以绘制直线或带有箭头的线段。鼠标指针拖曳的起始点为线段起点，拖曳的终点为线段的终点。按住【Shift】键拖曳可以将直线的方向控制在0°、45°或90°方向。

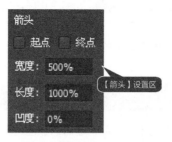

单击属性栏中 ⚙ 右侧的下三角按钮，可弹出【箭头】设置面板，包括【起点】、【终点】、【宽度】、【长度】和【凹度】等项。

①【起点】、【终点】复选框：二者可选择一个，也可以都选，用以决定箭头在线段的哪一方。

②【宽度】参数框：用于设置箭头宽度和线段宽度的比值，可输入10%～1000%的数值。

③【长度】参数框：用于设置箭头长度和线段宽度的比值，可输入10%~5000%的数值。

④【凹度】参数框：用于设置箭头中央凹陷的程度，可输入－50%～50%的数值。

(6) 使用形状工具绘制图形：下面介绍使用形状工具绘制图形的具体操作步骤。

---

1 绘制黑色矩形	**2** 绘制车轮
新建一个10厘米×10厘米的图像，选择【矩形工具】，在属性栏中选择【像素】工具模式，设置前景色为"黑色"，绘制一个矩形。 	新建一个图层，使用【椭圆工具】 绘制两个车轮。 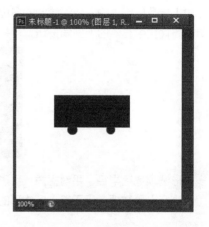

3 绘制白色圆形	4 绘制窗户
新建一个图层,设置前景色为白色,使用【椭圆工具】■在车轮上绘制两个圆形。	新建一个图层,使用【圆角矩形工具】■在黑色矩形上绘制窗户。

2. 绘制不规则形状

使用【自定形状工具】■可以绘制不规则的图形或自定义的图形。

(1)【自定形状工具】的属性栏参数设置。

单击 形状: ■ 右侧的小三角按钮会出现形状面板,这里存储着可供选择的形状。

(2) 使用【自定形状工具】绘制图画。下面使用【自定形状工具】来绘制图画。

1 选择形状	2 绘制图画
新建一个10厘米×10厘米的图像,选择【自定形状工具】■,在自定义形状下拉列表中选择图形。然后设置前景色为黑色。	在图像上单击,并拖曳鼠标即可绘制一个自定形状,多次单击并拖曳鼠标可以绘制出大小不同的形状。也可以新建一个图层,选择其他形状,继续绘制,直至完成图画。
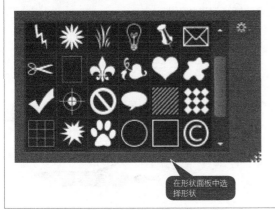 在形状面板中选择形状	

3. 自定义形状

在Photoshop CS6中，不仅可以使用预置的形状，用户还可以把自己绘制的形状定义为自定义形状，以便于以后使用。

1 绘制形状	2 自定义形状
使用【钢笔工具】绘制出喜欢的图形。 	选择【编辑】➤【定义自定形状】菜单命令，在弹出的【形状名称】对话框中输入自定义形状的名称，然后【确定】按钮，即可将其定义为自定义的形状。 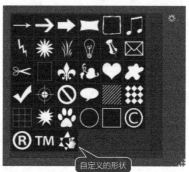 自定义的形状

8.2.5 钢笔工具

【钢笔工具】可以创建精确的直线和曲线。它在Photoshop中主要有两种用途，一是绘制矢量图形，二是选取对象。在作为选取工具使用时，【钢笔工具】描绘的轮廓光滑、准确，是最为精确的选取工具之一。

1.【钢笔工具】使用技巧

(1) 绘制直线：分别在两个不同的位置单击就可以绘制直线。

(2) 绘制曲线：单击鼠标绘制出第一点，然后单击并拖曳鼠标绘制出第二点，这样就可以绘制曲线，并使锚点两端出现方向线。方向点的位置及方向线的长短会影响曲线的方向和曲度。

(3) 曲线之后接直线：绘制出曲线后，若要在之后接着绘制直线，则需要按【Alt】键暂时切换为【转换点工具】，然后在最后一个锚点上单击使控制线只保留一段，再释放【Alt】键在新的位置单击另一点即可。

1 新建图形	2 绘制图画
新建一个10厘米×10厘米的图像，选择【钢笔工具】，并在选项栏中设置工具模式为【路径】，在画面确定一个点开始绘制花朵。  确定一点	先绘制花朵部分，再继续绘制其他部分，直至完成，最终效果如下图。  使用【钢笔工具】绘制花朵

2. 自由钢笔工具

【自由钢笔工具】✐用来绘制比较随意的图形，它的特点和使用方法都与套索工具非常相似，使用它绘制路径就像用铅笔在纸上绘图一样。选择该工具后，在画面中单击并拖曳鼠标即可绘制路径，路径的形状为鼠标指针运动的轨迹，Photoshop会自动为路径添加锚点，因而无需设定锚点的位置。

3. 添加锚点工具

【添加锚点工具】✐可以在路径上添加锚点，选择该工具后，将鼠标指针移至路径上，待鼠标指针显示为 ♦ 状时，单击鼠标可添加一个角点。如果单击并拖曳鼠标，则可添加一个平滑点。

4. 删除锚点

使用【删除锚点工具】✐可以删除路径上的锚点。选择该工具后，将鼠标指针移至路径锚点上，显示为 ♦ 状时，单击鼠标可以删除该锚点。

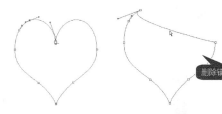

5. 转换点工具

【转换点工具】▶用来转换锚点类型，它可将角点转化为平滑点，也可将平滑点转换为角点。选择该工具后，将鼠标指针移至路径的锚点上，如果该锚点是平滑点，单击该锚点可以将其转化为角点，如下图所示。

如果该锚点是角点，单击该锚点可以将其转化为平滑点，如下图所示。

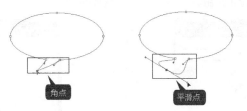

高手私房菜

技巧：选择不规则图形

下面来讲述如何选择不规则图形。【钢笔工具】✐不仅可以用来编辑路径，还可以更为准确地选择文件中的不规则图形，具体的操作步骤如下。

1 打开素材

打开随书光盘中的"素材\ch08\企鹅.JPG"图像。

2 选择自由钢笔工具

在工具箱中选择【自由钢笔工具】，然后在【自由钢笔工具】属性栏中单击选中【磁性的】复选框。

单击选中【磁性的】复选框

3 建立路径

将鼠标指针移到图像窗口中沿着企鹅的边沿单击并拖曳，即可沿图像边缘产生路径。

4 选择【建立选区】菜单命令

在图像中单击鼠标右键，从弹出的快捷菜单中选择【建立选区】菜单命令。

选择【建立选区】选项

5 设置羽化半径

弹出【建立选区】对话框，在其中根据需要设置选区的羽化半径，单击【确定】按钮。

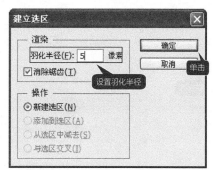

设置羽化半径

6 完成选择

即可建立一个新的选区。这样，图中的企鹅就选择好了。

第 9 章

Photoshop CS6 文字特效制作

 本章视频教学时间：1 小时 17 分钟

使用Photoshop CS6的各种功能命令，可以制作出绚丽的效果，在文字特效制作方面效果很突出，像立体文字、火焰文字，以及各种材质效果的文字。在排版印刷、广告设计行业，特色的文字对整体作品效果的影响非常突出。

【学习目标】

本章将详细介绍几种文字特效的制作方法。

【本章涉及知识点】

创建文字效果

制作水晶文字

制作燃烧的文字

制作特效艺术文字

9.1 实例1——创建文字效果

 本节视频教学时间：21分钟

文字是平面设计的重要组成部分，它不仅可以传递信息，还能起到美化版面、强化主题的作用。Photoshop提供了多个用于创建文字的工具，文字的编辑和修改方法也非常灵活。

9.1.1 创建文字和文字选区

文字在设计工作中显得尤为重要，文字的不同大小、不同颜色及不同字体传达给人的信息也不相同，所以用户应该熟练地掌握文字的输入与设定。

1. 输入文字

输入文字的工具有【横排文字工具】、【直排文字工具】、【横排文字蒙版工具】和【直排文字蒙版工具】4种，后两种工具主要用来建立文字形选区。

利用文字输入工具可以输入两种类型的文字，即【点文本】和【段落文本】。

(1)【点文本】用在文字较少的场合，例如标题、产品和书籍的名称等。选择文字工具后在画布中单击输入即可，它不会自动换行。

(2)【段落文本】主要用于报纸、杂志、产品说明和企业宣传册等。选择文字工具后在画布中单击并拖曳鼠标生成文本框，在其中输入文字即可，它会自动换行形成一段文字。

下面来讲解输入文字的方法。

1 输入标题文字	**2** 在界定框内输入文本
打开随书光盘中的"素材\ch09\图01.jpg"文件。选择【横排文字工具】，在文档中单击鼠标，输入标题文字。	选择【横排文字工具】，在文档中单击鼠标并向右下角拖曳出一个界定框，框内会呈现闪烁的光标，输入文本即可。

工作经验小贴士

当创建文字时，【图层】面板中会添加一个新的文字图层，在Photoshop中还可以创建文字形状的选框，但因为【多通道】、【位图】或【索引颜色】模式不支持图层，所以不会为这些模式中的图像创建文字图层。在这些图像模式中，文字显示在背景上。

2. 设置文字属性

在Photoshop中，通过文字工具的属性栏可以设置文字的方向、大小、颜色和对齐方式等。

1 打开文档	2 设置文字
打开上述输入文字的文档。 	选中文本框中的文字，在工具属性栏中设置字体为"华文行楷"，大小为"30点"，颜色为红色"C:0、M:100、Y:100、K:0"。 

文字工具的参数设置介绍如下。

(1)【更改文字方向】按钮：单击此按钮可以在横排文字和竖排文字之间进行切换。

(2)【字体】设置框：设置字体类型。

(3)【字号】设置框：设置文字大小。

(4)【消除锯齿】设置框：消除锯齿的方法包括【无】、【锐利】、【犀利】、【浑厚】和【平滑】等，通常设定为【平滑】。

(5)【段落格式】设置区域：包括【左对齐】按钮、【居中对齐】按钮和【右对齐】按钮。

(6)【文本颜色】设置项：单击可以弹出【拾色器（前景色）】对话框，在对话框中可以设定文本颜色。

(7)【创建文字变形】按钮：设置文字的变形方式。

(8)【切换字符和段落面板】按钮：单击该按钮可打开【字符】面板和【段落】面板。

技巧：在对文字大小进行设定时，可以先使用文字工具拖曳选择文字，然后按快捷键对文字大小进行更改。

① 更改文字大小的快捷键：【Ctrl+Shift+>】组合键增大字号，【Ctrl+Shift+<】组合键减小字号。

② 更改文字间距的快捷键：【Alt】加左方向键减小字符的间距，【Alt】加右方向键增大字符的间距。

更改文字行间距快捷键：【Alt】加上方向键减小行间距，【Alt】加下方向键增大行间距。

文字输入完毕，可以按【Ctrl + Enter】组合键提交文字输入。

3. 设置段落属性

创建段落文字后，可以根据需要调整界定框的大小，文字会自动在调整后的界定框中重新排列，通过界定框还可以旋转、缩放和斜切文字。下面来讲解设置段落属性的方法。

1 打开素材

打开随书光盘中的"素材\ch09\文本1.psd"文档。

2 切换到【段落】面板

选择文字后，在属性栏中单击【切换字符和段落面板】按钮，弹出【字符】面板，切换到【段落】面板。

3 将文本对齐

在【段落】面板中单击【最后一行左对齐】按钮■，将文本对齐。

4 显示被隐藏的文字

将鼠标指针定位在定界框的右下角，指针变为双向箭头↖形状时，将文本框拖曳变大，隐藏的文本就会出现。

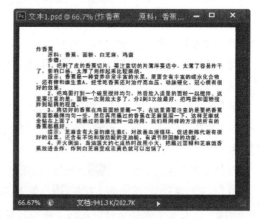

工作经验小贴士

要在调整界定框大小时缩放文字，应在拖曳手柄的同时按住【Ctrl】键。若要旋转界定框，可将指针定位在界定框外，此时指针会变为弯曲的双向箭头↻形状。按住【Shift】键拖曳可将旋转限制为以15°为单位。若要更改旋转中心，按住【Ctrl】键将中心点拖曳到新位置即可，中心点可以在界定框的外面。

9.1.2 转换文字形式

Photoshop中的点文字和段落文字是可以相互转换的。如果是点文字，选择【文字】▶【转换为段落文字】菜单命令可将其转化为段落文字，各文本行彼此独立排行，每个文字行的末尾（最后一行除外）都会添加一个回车字符；如果是段落文字，选择【文字】▶【转化为点文本】菜单命令，可将其转化为点文字。

9.1.3 通过面板设置文字格式

格式化字符是指设置字符的属性，包括字体、大小、颜色和行距等。输入文字之前可以在工具属性栏中设置文字属性，也可以在输入文字之后在【字符】面板中为选择的文本或者字符重新设置这些属性。

1. 设置字体

单击 ▼ 按钮，在打开的下拉列表中可以为文字选择字体。

2. 设置文字大小

单击【字体大小】按钮 T 右侧的 ▼ 按钮，在打开的下拉列表中可以为文字选择字号。也可以在数值框中直接输入数值从而设置字体大小。

3. 设置文字颜色

单击【颜色】选项色块，可以在打开的【拾色器（前景色）】对话框中设置字体颜色。

4. 行距

设置文本中各个文字之间的垂直距离。

5. 字距微调

用来调整两个字符之间的间距。

6. 字距调整

用来设置整个文本中所有字符之间的间距。

7. 水平缩放与垂直缩放

用来调整字符的宽度和高度。

8. 基线偏移

用来控制文字与基线的距离。

下面来讲解调整字体的操作方法。

1 打开素材

打开随书光盘中的"素材\ch09\段落文字.psd"文档。

2 弹出【字符】面板

选择文字后，在属性栏中单击【切换字符和段落面板】按钮，弹出【字符】面板。设置参数，颜色设置为"红色"，效果如图所示。

9.1.4 栅格化文字

文字图层是一种特殊的图层，要想对文字进行进一步的处理，可以先对文字进行栅格化处理，即将文字转换成一般的图像。

下面来讲解文字栅格化处理的方法。

1 选择文字图层

用【移动工具】选择文字图层。

2 查看效果

选择【图层】▶【栅格化】▶【文字】菜单命令，栅格化后的效果如图所示。

工作经验小贴士

文字图层被栅格化后，就成为了一般图形，而不再具有文字的属性。文字图层变为普通图层后，可以对其直接应用滤镜效果。

9.1.5 创建路径文字

路径文字可以沿着用钢笔工具或形状工具创建的工作路径输入文字。路径文字可以分为绕路径文字和区域文字两种。绕路径文字是文字沿路径放置，可以通过对路径的修改来调整文字组成的图形效果。

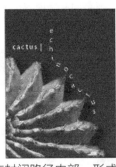 

区域文字是文字放置在封闭路径内部，形成和路径相同的文字块，然后通过调整路径的形状来调整文字块的形状。

	选择【钢笔工具】		**选择【直接选择工具】**

1 选择【钢笔工具】

打开随书光盘中的"素材\ch09\图02.jpg"图像。选择【钢笔工具】 ，在工具属性栏中选择工具模式为【路径】，然后绘制希望文本遵循的路径。

2 选择【直接选择工具】

选择【横排文字工具】 ，将鼠标指针移至路径上，当鼠标指针变为 形状时在路径上单击，然后输入文字。选择【直接选择工具】 ，当鼠标指针变为 形状时沿路径拖曳即可。

9.2 实例2——制作立体文字

 本节视频教学时间：13分钟

使用Photoshop CS6可以制作绚丽的立体文字效果，具体操作步骤如下。

第1步：输入文字

1 新建空白文档

打开Photoshop CS6，选择【文件】▶【新建】菜单命令，弹出【新建】对话框，设置相关参数，创建一个600像素×300像素的空白文档，单击【确定】按钮。

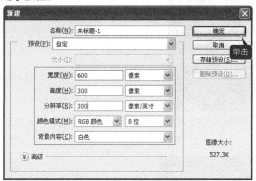

2 输入文字内容

使用【横排文字工具】在文档中插入要制作立体效果的文字内容，文字颜色和字体可自行定义，本实例采用黑色。

3 选择【栅格化文字】菜单命令

在文字图层上单击鼠标右键，在弹出的快捷菜单中选择【栅格化文字】命令，将矢量文字变成像素图像。

4 调整文字的角度

选择【编辑】▶【自由变换】菜单命令，对文字执行变形操作，调整出合适的角度。

 工作经验小贴士

文字自由变形时需要注意透视原理。

第2步：将输入的文字设置为3D效果

1 选中【斜面和浮雕】复选框

复制文字图层，生成文字副本图层。选择副本图层，双击图层弹出【图层样式】对话框，单击选中【斜面和浮雕】复选框，调整【深度】为"350%"，【大小】为"2像素"；单击选中【颜色叠加】复选框，设置叠加颜色为"红色"，单击【确定】按钮。

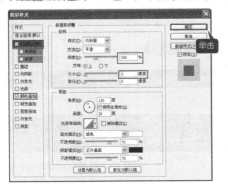

2 选择【向下合并】菜单命令

新建【图层1】，把【图层1】拖到文字副本图层下面。在文字副本图层上单击鼠标右键，在弹出的快捷菜单中选择【向下合并】命令，将文字副本图层合并到【图层1】上得到新的图层。

3 输入纵横拉伸的百分比例

选择【图层1】，按【Ctrl+Alt+T】组合键执行复制变形，在属性栏中输入纵横拉伸的百分比例为"101%"，然后按小键盘方向键向右移动两个像素（按一次方向键可移动1个像素）。

4 使图像有立体效果

按【Ctrl + Alt + Shift+T】组合键复制【图层1】，并使用方向键向右移动一个像素，再使用相同方法依次复制图层，并向右移动一个像素，经过多次重复操作后，得到如下图所示的立体效果。

5 合并图层并放到文字图层下方

合并除了背景图层和原始文字图层外的其他所有图层，并将合并后的图层拖放到文字图层下方。

6 对图形执行拉伸变形操作

选择文字图层，按【Ctrl+T】组合键对图形执行拉伸变形操作，使其刚好能盖住制作立体效果的表面，按【Enter】键使其生效。

7 设置渐变样式

双击文字图层，弹出【图层样式】对话框，单击选中【渐变叠加】复选框，设置渐变样式为"橙，黄，橙渐变"，单击【确定】按钮。

8 查看效果

至此，立体文字效果制作完成，如下图所示。

9.3 实例3——制作水晶文字

本节视频教学时间：5分钟

本实例将介绍如何使用文字工具、【栅格化文字】命令和【图层样式】命令等制作水晶文字效果。

1 新建空白文档

选择【文件】▶【新建】菜单命令，弹出【新建】对话框，设置【名称】为"水晶文字"，【宽度】为"500像素"，【高度】为"500像素"，【分辨率】为"72像素/英寸"，【颜色模式】为"RGB颜色"，单击【确定】按钮。

2 在【字符】面板中设置各项参数

选择【横排文字工具】，在【字符】面板中设置各项参数，颜色设置为"蓝色"，在文档中单击鼠标，输入标题文字。

3 为图案添加【描边】效果

单击【添加图层样式】按钮，为图案添加【描边】效果，描边颜色值为"26、153、38"，单击【确定】按钮。

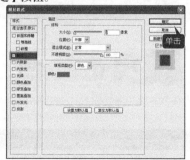

4 查看效果

设置完成后，效果如下图所示。

5 设置图层样式

双击文字图层, 弹出【图层样式】对话框, 单击选中【投影】复选框, 单击【等高线】右侧的向下按钮, 在弹出的菜单中选择第2行第3个预设选项, 单击【确定】按钮。

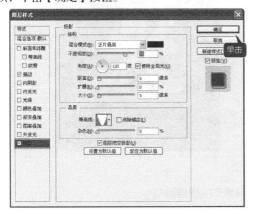

6 查看效果

设置完成后, 效果如下图所示。

工作经验小贴士

本例主要利用图层样式来制作水晶文字的效果, 读者在实际操作时可根据需要通过调整文字的界定框来适当加长文字或压缩文字, 使文字效果更加突出。

9.4 实例4——制作燃烧的文字

本节视频教学时间: 9分钟

本实例将介绍如何使用【文字工具】、【滤镜】和【图层样式】命令制作燃烧的文字。

第1步: 新建文件并添加文字

1 新建空白文档

选择【文件】▶【新建】菜单命令, 弹出【新建】对话框, 设置【名称】为"燃烧的文字", 【宽度】为"600像素", 【高度】为"600像素", 【分辨率】为"200像素/英寸", 【颜色模式】为"RGB颜色", 单击【确定】按钮。

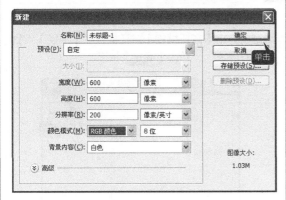

2 选择【栅格化文字】菜单命令

将背景填充为黑色, 前景色设为白色, 然后输入文字"火"。在文字图层上单击鼠标右键, 在弹出的快捷菜单中选择【栅格化字体】命令。

3 选择副本图层

将栅格化的文字复制一层，然后选择副本图层。

4 旋转文字图层副本

选择【编辑】▶【变换】▶【旋转90度（顺时针）】菜单命令，旋转文字图层副本。

第2步：添加滤镜效果

1 弹出【风】对话框

选择【滤镜】▶【风格化】▶【风】菜单命令，弹出【风】对话框，参数设置如下图所示，单击【确定】按钮。

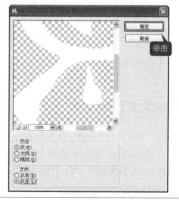

2 旋转文字图层副本

按【Ctrl+F】组合键2次，加强风的效果。选择【编辑】▶【变换】▶【旋转90度（逆时针）】菜单命令，旋转文字图层副本。

3 复制图层

选择【火 副本】图层，然后将其复制一层得到【火 副本2】图层。

4 查看效果

选择【滤镜】▶【模糊】▶【高斯模糊】菜单命令，弹出【高斯模糊】对话框，将【半径】设置为"2.0像素"，单击【确定】按钮。

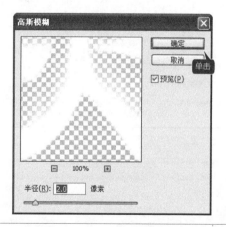

5 合并图层

在【火 副本2】图层下方新建一个【图层1】，然后用黑色填充背景，再把【图层1】与【火 副本2】图层合并为一个图层。

6 绘制火苗

选择合并后的图层，再选择【滤镜】▶【液化】菜单命令。在弹出的对话框中先用大画笔涂出大体走向，再用小画笔突出小火苗。

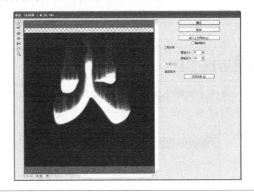

第3步：调整火焰颜色效果

1 单击【确定】按钮

按【Ctrl+B】组合键，对液化好的图层调整色彩平衡，将其调成橙红色，并设置参数，然后单击【确定】按钮，效果如下图所示。

2 加强火焰效果

选择【图层1】并将其复制得到【图层1副本】，然后将【图层1副本】的混合模式设为【叠加】，从而加强火焰的效果。

3 设置高斯模糊

选择【火 副本】图层，再选择【滤镜】▶【模糊】▶【高斯模糊】菜单命令，弹出【高斯模糊】对话框，将【半径】设为"2.5"，然后单击【确定】按钮。

4 查看效果

效果如下图所示。

9.5 实例5——制作特效艺术文字

本节视频教学时间：26分钟

使用Photoshop可以制作各种特效文字，下面举例说明简单制作特效艺术字的操作方法，具体操作步骤如下。

第1步：新建文件并输入文字

1 新建空白文档

选择【文件】▶【新建】菜单命令，弹出【新建】对话框，设置如下图所示的参数，单击【确定】按钮。

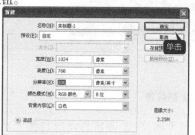

2 添加文字

使用【横排文字工具】添加文字"2012梦幻生活"。

第2步：添加图层蒙版

1 设置工具属性栏

单击【图层】面板下方的【添加图层蒙版】按钮，为文字图层添加蒙版，并使用【画笔工具】涂抹蒙版，设置画笔大小为"28像素"，【不透明度】为"78%"，得到如下图所示效果。

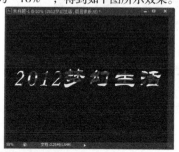

2 选择【复制图层】菜单命令

在文字图层上单击鼠标右键，在弹出的快捷菜单中选择【复制图层】菜单命令，得到图层副本。

3 弹出【高斯模糊】对话框

选中图层副本，选择【滤镜】▶【模糊】▶【高斯模糊】菜单命令，弹出【高斯模糊】对话框，设置【半径】为"8像素"，单击【确定】按钮。

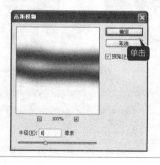

4 查看效果

产生如下图所示的文字效果。

第3步：添加梦幻背景

1　设置画笔样式为纹理样式

选择工具箱中的【画笔工具】，在属性栏设置画笔样式为纹理样式，画笔大小可自行调整。

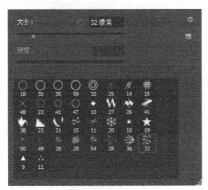

2　添加液化效果

新建图层并拖放到文字图层下方，使用【画笔工具】绘制纹理效果。选择【滤镜】▶【液化】菜单命令，打开【液化】对话框，为绘制的纹理添加液化效果。

第4步：自定义画笔

1　使用【钢笔工具】绘制一个菱形

新建文件，背景设为透明，前景色设置为黑色，使用【钢笔工具】绘制一个菱形，绘制完成后按【Enter】键。

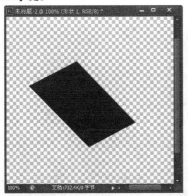

2　选择【栅格化图层】菜单命令

在【图层】面板中的形状图层上单击鼠标右键，在弹出的快捷菜单中选择【栅格化图层】命令，将形状图层转换为普通图层。

3　弹出【画笔名称】对话框

选择【编辑】▶【定义画笔预设】菜单命令，弹出【画笔名称】对话框，在【名称】文本框中输入自定义的名称，然后单击【确定】按钮。

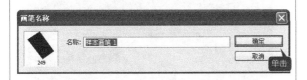

4　打开【画笔预设】面板

单击工具箱中的【画笔工具】，选择【窗口】▶【画笔预设】菜单命令，打开【画笔预设】面板，选择步骤3中添加的新画笔。

5 设置参数

打开【画笔】面板，单击选中【形状动态】复选框，设置右侧窗格中的参数，如下图所示。

6 选中【传递】复选框

单击选中【散布】复选框，扩大散布值，并调整其他参数；再单击选中【传递】复选框，设置右侧的参数，如下图所示。

第5步：添加粒子效果

1 选择【画笔工具】

返回图像界面，新建图层。选择【画笔工具】，选择之前创建的画笔。

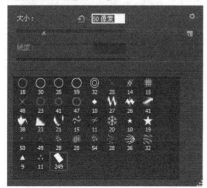

2 在新图层中绘制散布粒子

在新图层中绘制散布粒子，绘制时可以多次调整颜色，使粒子效果缤纷多彩，如下图所示。

3 弹出【动感模糊】对话框

复制粒子图层，然后选择【滤镜】▶【模糊】▶【动感模糊】菜单命令，弹出【动感模糊】对话框，调整【角度】为"50度"，【距离】为"100像素"，然后单击【确定】按钮。

4 查看效果

调整后的图像效果如下图所示。

第6步：添加文字立体效果

1 弹出【图层样式】对话框

合并文字图层及文字图层副本，双击合并后的新图层，弹出【图层样式】对话框，设置【斜面和浮雕】和【颜色叠加】样式，直至效果满意为止，其他样式也可结合需要进行调整。

2 多次复制移动后生产立体效果

选择调整后的文字图层，按【Ctrl+Alt+T】组合键进行复制变形。将复制后的新图层向右移动一个像素，多次复制移动后生产厚重的立体效果，如下图所示。

第7步：添加浮云效果

1 绘制光源效果

新建图层，选择【画笔工具】，在属性栏选择画笔样式为"柔边圆"，画笔大小可自行调整，颜色设置为"白色"，在新图层上方绘制白色的扩散光源效果。

2 对图层执行变形操作

按【Ctrl+T】组合键对图层执行变形操作，调整到如下图所示的位置，完成后按【Enter】键。

3 将白色区域涂抹成云海的波浪效果

选择【涂抹工具】，将白色区域涂抹成云海的波浪效果。

4 绘制星空效果

黑色背景略显单调，可以使用【星空画笔工具】为背景点缀星空效果。

举一反三

本章学习了Photoshop CS6的文字设计方法，通过本章内容可以设计出各种文字特效。与之类似的文字特效还有，钢铁文字和路径文字等。

 ## 高手私房菜

技巧：用【钢笔工具】和【文字工具】创建区域文字效果

使用Photoshop的【钢笔工具】和【文字工具】可以创建区域文字效果，具体的操作步骤如下。

1　打开素材

打开随书光盘中的"素材\ch09\图03.jpg"文档。

2　选择【钢笔工具】

选择【钢笔工具】，然后在属性栏中选择工具模式为【路径】，创建封闭路径。

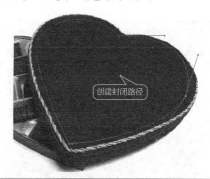

3　将文字输入或粘贴到路径内

选择【横排文字工具】，将鼠标指针移至路径内并单击，然后输入文字或将复制的文字粘贴到路径内。

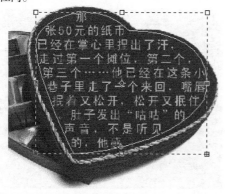

4　对路径进行调整

选择【直接选择工具】，然后对路径进行调整，通过调整路径的形状来调整文字块的形状。

第 10 章

滤镜的使用

 本章视频教学时间：41 分钟

在Photoshop CS6中，有位图处理传统滤镜和一些新滤镜，每一种滤镜又提供了多种细分的滤镜效果，为用户处理位图提供了极大的方便。本章内容丰富有趣，建议打开光盘提供的素材文件按照实例步骤进行对照学习，以提高学习效率。

【学习目标】

通过本章的学习，读者可以掌握滤镜的使用方法。

【本章涉及知识点】

掌握【镜头校正】、【液化】滤镜的使用方法

掌握【消失点】、【风】和【马赛克】滤镜的使用方法

掌握【旋转扭曲】、【模糊】滤镜的使用方法

掌握【渲染】、【艺术效果】滤镜的使用方法

10.1 实例1——【镜头校正】滤镜：校正风景画

本节视频教学时间：4分钟

使用【镜头校正】滤镜可以调整图像角度，使因拍摄角度不好造成的倾斜瞬间校正，具体操作步骤如下。

1 打开素材

打开随书光盘中的"素材\ch10\风景.jpg"文件。

2 设置镜头校正

选择【滤镜】▶【镜头校正】菜单命令，弹出【镜头校正】对话框，选择左侧工具栏中的【拉直工具】，在倾斜的图形中绘制一条直线，该直线用于定位调整后图像正确的垂直轴线。也可以选择图像中的参照物拉出直线。

3 调整角度

拉好直线后释放鼠标，图像会自动调整角度，如果一次没有调整好，可以重复多次操作，本来倾斜的图像会变得很正，调整完成后，单击【确定】按钮。

4 查看效果

返回图像界面，查看图像校正后的效果。

工作经验小贴士

校正后倾斜的四边会被自动裁剪掉。

10.2 实例2——【液化】滤镜：塑造完美脸形

 本节视频教学时间：8分钟

【液化】滤镜可用于推、拉、旋转、反射、折叠和膨胀图像的任意区域，创建的扭曲可以是细微的或剧烈的，这就使【液化】命令成为修饰图像和创建艺术效果的强大工具。

下面使用液化工具调整美女脸形，具体操作步骤如下。

| 1 打开素材 | 2 打开【液化】对话框 |

打开随书光盘中的"素材\ch10\美女图像.jpg"文件。

选择【滤镜】▶【液化】菜单命令，弹出【液化】对话框。

| 3 设置向前变形工具 | 4 可以撤消操作 |

选择左侧工具栏中的【向前变形工具】，调整右侧【工具选项】组中的【画笔大小】、【画笔密度】和【画笔压力】等参数，鼠标指针呈如图所示形状时，将脸形偏胖的位置向中间慢慢推动，要保持脸形上下匀称。

如果对涂抹操作不满意，可以选择左侧工具栏中的【重建工具】，单击不满意之处，即会自动逐次撤消历史涂抹操作。

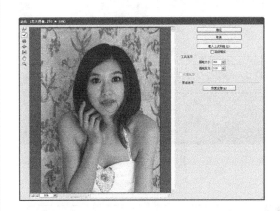

| 5 美化鼻子 | 6 查看效果 |

再次选择【涂抹工具】，推动美女鼻梁，使鼻子变得小巧。

经过多次调整后，单击【确定】按钮，返回图像界面，美女脸形变成了瓜子脸。

10.3 实例3——【消失点】滤镜: 去除照片中多余的人物

本节视频教学时间：6分钟

利用【消失点】滤镜可以在包含透视平面的图像中进行透视校正编辑。使用【消失点】滤镜可以在图像中指定平面，然后对平面中的图像做绘画、仿制、复制或粘贴以及变换等编辑操作，所有编辑操作都将采用用户所处理平面的透视。

利用【消失点】滤镜，不仅将图像作为一个单一平面进行编辑操作，还可以以立体方式在图像中的透视平面上操作。使用【消失点】滤镜来修饰、添加或移去图像中的内容时，结果将更加逼真，因为系统可正确确定这些编辑操作的方向，并且将它们缩放到透视平面。

下面使用【消失点】滤镜去除照片中多余的人物，具体操作步骤如下。

1 打开素材

打开随书光盘中的"素材\ch10\欢乐.jpg"文件，照片背景中有一个小女孩，可以将其去除。

2 创建平面

选择【滤镜】➤【消失点】菜单命令，弹出【消失点】对话框，单击左侧工具栏中的【创建平面工具】按钮，通过单击的方式在小女孩所在的区域创建平面，平面创建成功后，平面由边点构成，线条呈现蓝色，表示4个顶点在同一个平面上，可以拖曳平面的顶点调整平面。

3 编辑平面

选择【编辑平面工具】，拖动平面的四边可以拉伸平面，扩大平面范围，调整【网格大小】参数可以变换网格密度。

4 绘制选区

选择【选框工具】，在平面内绘制一个选区，该选区用作填充小女孩，设置【羽化】值为"0"，【不透明度】为"100%"，在【修复】下拉列表中选择"开"。

5 覆盖女孩图像区域

　　按住【Alt】键拖动选区，覆盖女孩图像区域，尽量使覆盖后的图像与原图像吻合，也可以重复以上操作，执行多次选区覆盖。

6 在小女孩阴影区创建平面

　　小女孩的阴影还留在图像中，在女孩阴影区域创建平面，平面中不能包含必须保留的图像内容，如前面的人物图像，所以在构建阴影平面时不宜过大。

7 去除阴影

　　依照上述方式，将女孩的阴影去掉，单击【确定】按钮。

8 查看效果

　　返回图像界面，小女孩已经从图像中去除了。

10.4 实例4——【风】滤镜：制作风吹效果

本节视频教学时间：2分钟

　　通过【风】滤镜可以在图像中放置细小的水平线条来获得类似风吹的效果，包括【风】、【大风】（用于获得更生动的风效果）和【飓风】（使图像中的线条发生偏移）。

1 打开素材

打开随书光盘中的"素材\ch10\蒲公英.jpg"文件，选择【滤镜】➤【风格化】➤【风】菜单命令，在弹出的【风】对话框中进行设置，单击【确定】按钮。

2 查看效果

即可为图像添加风吹效果。

10.5 实例5——【马赛克拼贴】滤镜：制作拼贴图像

本节视频教学时间：2分钟

利用【马赛克拼贴】滤镜渲染图像，可使它看起来是由小的碎片或拼贴组成，然后在拼贴之间灌浆。

1 打开素材并设置参数

打开随书光盘中的"素材\ch10\马赛克.jpg"文件，选择【滤镜】➤【纹理】➤【马赛克拼贴】菜单命令，在弹出的【马赛克拼贴】对话框中进行参数设置。

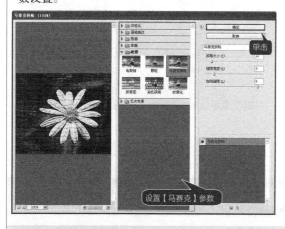

工作经验小贴士

【马赛克拼贴】对话框中的各个参数如下所述。

(1) 拼贴大小：用来设置图像中生成的块状图形的大小。

(2) 缝隙宽度：用来设置块状图形单元间的裂缝宽度。

(3) 加亮缝隙：用来设置块状图形缝隙的亮度。

2 查看效果

单击【确定】按钮即可为图像添加马赛克拼贴效果。

10.6 实例6——【旋转扭曲】滤镜：制作扭曲图案

本节视频教学时间：2分钟

利用【旋转扭曲】滤镜可以使图像围绕轴心扭曲，生成漩涡的效果，下面使用【旋转扭曲】滤镜制作彩色漩涡效果，具体操作步骤如下。

1 打开素材

打开随书光盘中的"素材\ch10\彩色铅笔.jpg"文件，选择【滤镜】➤【扭曲】➤【旋转扭曲】菜单命令，弹出【旋转扭曲】对话框，调整【角度】值，向左滑动滑块会呈现逆时针漩涡效果，向右滑动会呈现顺时针漩涡效果。

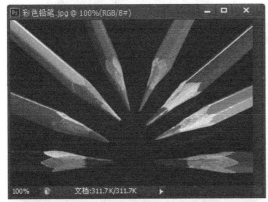

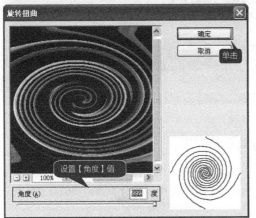

2 查看效果

单击【确定】按钮，返回图像界面，生成的图像效果如下图所示。

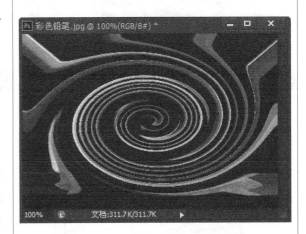

工作经验小贴士

【旋转扭曲】滤镜产生的漩涡是以整个图像中心为圆心的，如果要对图像中的某一个区域执行旋转扭曲，可以先将该区域选为选区，再执行旋转扭曲操作。

10.7 实例7——【模糊】滤镜：模拟高速跟拍效果

本节视频教学时间：4分钟

使用【模糊】滤镜，可以让清晰的图像形成各种模糊效果，例如可以做出快速跟拍、车轮滚动等效果。下面以模拟高速跟拍效果为例进行介绍，具体操作步骤如下。

1 打开素材

打开随书光盘中的"素材\ch10\飞驰汽车.jpg"文件，图片中的汽车像是静止或缓慢行驶的。

2 复制背景图层

按【Ctrl+J】组合键复制背景图层，得到【图层1】，选择【滤镜】➤【模糊】➤【动感模糊】菜单命令。

得到的"图层 1"新图层

3 设置动感模糊

弹出【动感模糊】对话框，设置【角度】为"接近水平"，【距离】为"12像素"，单击【确定】按钮。

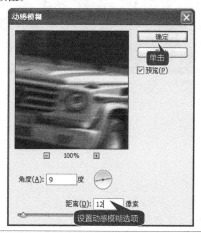

设置动感模糊选项

4 查看模糊效果

返回图像界面，整个图片已经有了模糊的效果，汽车呈现动感，但是在高速跟拍时应该是背景模糊，汽车清晰。

5 设置橡皮擦工具

选择工具箱中的【橡皮擦工具】，在属性栏中选择【柔边圆】橡皮擦样式，【大小】和【硬度】可自行调整。

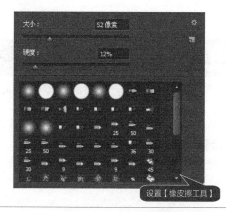

设置【橡皮擦工具】

6 查看最终效果

使用设置好的橡皮擦工具在车身部位涂抹，最终可以得到相对清晰的车身和较模糊的背景，使汽车有了快速飞驰的效果。

10.8 实例8——【渲染】滤镜：制作云彩效果

本节视频教学时间：7分钟

大部分滤镜都需要有源图像做依托，在源图像的基础上进行滤镜变换，但是【渲染】滤镜自身就可以产生图形，比如典型的云彩滤镜，它可利用前景和背景色来生成随机云雾效果。由于是随机的，所以每次生成的图像都不相同。

下面使用云彩滤镜制作一个简单的云彩特效，具体操作步骤如下。

第1步：制作云彩效果

1 新建文件

选择【文件】▶【新建】菜单命令，弹出【新建】对话框，创建一个500像素×500像素白色背景的文件，单击【确定】按钮。

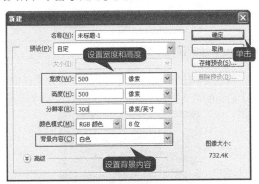

2 分层云彩

选择【滤镜】▶【渲染】▶【分层云彩】菜单命令，然后重复按【Ctrl+F】组合键重复使用【分层云彩】滤镜5~10次，得到如下图所示的灰度图像。

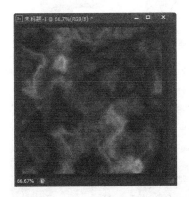

3 设置渐变效果

选择【图像】▶【调整】▶【渐变映射】菜单命令，弹出【渐变映射】对话框，默认显示黑白渐变，单击渐变条，弹出【渐变编辑器】对话框，在渐变条下方单击鼠标添加色标，双击色标可打开选择色标颜色的对话框，依图所示分别为色标添加黑、红、黄、白4种颜色，然后单击【确定】按钮。

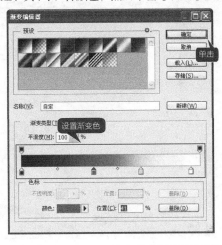

4 查看效果

返回图像界面，显示如图所示的云彩效果，云彩效果略显生硬。

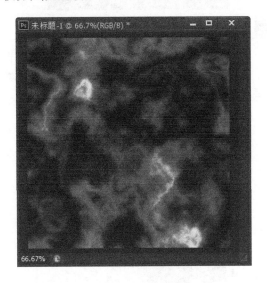

第2步：美化云彩效果

1 将图层转换为智能对象

在图层上单击鼠标右键，在弹出的快捷菜单中选择【转换为智能对象】菜单命令，将图层转换为智能对象。

2 设置径向模糊

选择【滤镜】➤【模糊】➤【径向模糊】菜单命令，弹出【径向模糊】对话框，设置【数量】为"80"，【模糊方法】为"缩放"，【品质】为"最好"，在【中心模糊】预览框中用鼠标拖动，调整径向模糊的中心，然后单击【确定】按钮。

3 查看径向模糊后的效果

调整后的效果如下图所示，云彩呈现放射状模糊。

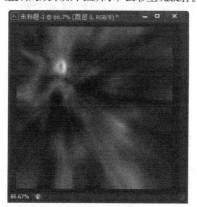

4 双击【径向模糊】后的箭头按钮

双击【图层】面板中【图层0】下方【径向模糊】后面的箭头按钮。

5 选择【变亮】选项

弹出【混合选项（径向模糊）】对话框，在【模式】下拉列表中选择"变亮"选项，单击【确定】按钮。

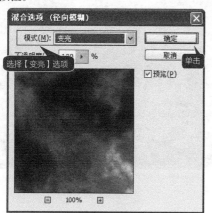

6 查看最终效果

返回图像界面，得到最终的云彩效果。

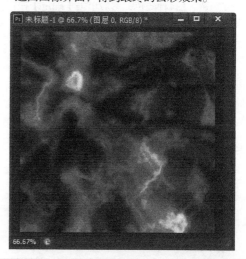

10.9 实例9——【艺术效果】滤镜: 制作蓝色特效魔圈

本节视频教学时间: 6分钟

使用【艺术效果】滤镜可以生成各种个性的效果,这里以【塑料包装】艺术效果为例制作特效魔圈,具体操作步骤如下。

1 新建文件

按【Ctrl+N】组合键,弹出【新建】对话框,创建一个500像素×500像素的文件,背景色采用黑色。

2 复制【背景】图层

按【Ctrl+J】组合键复制【背景】图层,生成【图层1】。

3 设置镜头光晕

选择【图层1】,再选择【滤镜】➤【渲染】➤【镜头光晕】菜单命令,弹出【镜头光晕】对话框,适当调整【亮度】,在小窗口中调整光晕中心的位置至图形中心,然后单击【确定】按钮。

4 设置塑料包装

选择【滤镜】➤【艺术效果】➤【塑料包装】菜单命令,弹出【塑料包装】对话框,调整右侧的【高光强度】、【细节】和【平滑度】参数,然后单击【确定】按钮。

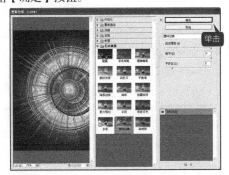

5 复制图层

返回图像界面,按【Ctrl+J】组合键复制当前图层。

6 设置混合模式

双击图层副本,弹出【图层样式】对话框,设置【混合模式】为"叠加",然后单击【确定】按钮。

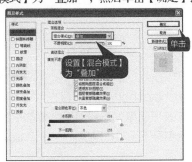

7 设置色相/饱和度

选择【编辑】▶【调整】▶【色相/饱和度】菜单命令，弹出【色相/饱和度】对话框，调整【色相】、【饱和度】和【明度】参数，然后单击【确定】按钮。

设置色相/饱和度

8 查看最终效果

返回图像界面，得到如图所示的蓝色魔圈效果。

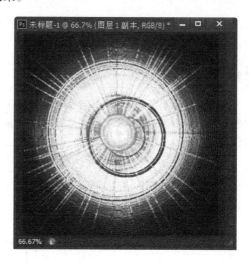

高手私房菜

技巧：如何使用联机滤镜

Photoshop的滤镜是一种植入Photoshop的外挂功能模块，在使用Photoshop进行图片处理的过程中，如果发现系统预设的滤镜不能满足设计的需要，可以在Photoshop CS6操作界面中选择【滤镜】▶【浏览联机滤镜】菜单命令。

选择【浏览联机滤镜】选项

打开Photoshop CS6的官方网站，在其中选择需要下载的滤镜插件，然后安装即可。Photoshop滤镜的安装很简单，一般滤镜文件的扩展名为.8bf，只要将这个文件复制到Photoshop目录中的Plug-ins目录下面就可以了。

第11章

3D 图像技术

 本章视频教学时间：22 分钟

Photoshop CS6的扩展版的菜单可以让用户直接创建3D图像，本章将讲解3D图层的应用方法，学习完这些知识，我们就可以掌握3D图像处理的精髓了。

【学习目标】

本章将详细介绍 3D 图像处理技巧，可以使读者掌握 3D 图像处理的精髓。

【本章涉及知识点】

- 3D 对象变换
- 移动、旋转与缩放
- 创建 3D 形状
- 创建圆柱体

11.1 实例1——3D对象变换

 本节视频教学时间：6分钟

Photoshop CS6引入的3D功能允许用户导入3D格式文件，在画布上对3D物体做旋转、移动等变换。更重要的是可以让用户在3D物体上面直接绘画，大大提升了Photoshop CS6处理图像的功能。

使用Photoshop CS6不但可以打开和处理由MAYA、3DSMax等软件生成的3D对象，而且Photoshop CS6还支持U3D、3DS、OBJ、KMZ以及DAE等3D文件格式。

 工作经验小贴士

Photoshop CS6的标准版中去除了3D功能，读者可以下载Photoshop CS6 Extended（扩展版），并且需要安装在Window 7或以上版本的操作系统中。

1. 3D组件

3D文件可包含下列一个或多个组件。

（1）网格。网格提供3D模型的底层结构。3D模型通常至少包含一个网格，也可能包含多个网格。在Photoshop中，可以在多种渲染模式下查看网格，还可以分别对每个网格进行操作。

（2）材质。一个网格可具有一种或多种相关的材质，这些材质控制整个网格的外观或局部网格的外观。下面是更改3D图像中材质设置的效果对比图。

(3) 光源。光源类型包括无限光、聚光灯和点光，可以移动和调整现有光照的颜色和强度，并且可以将新光照添加到3D场景中。下面是更改3D图像中光源设置的效果对比图。

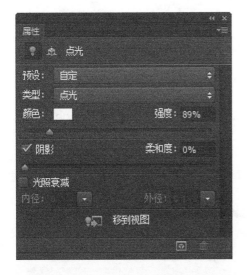

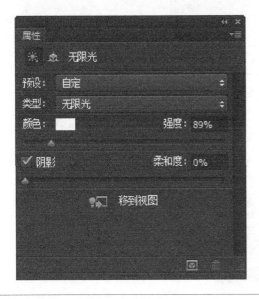

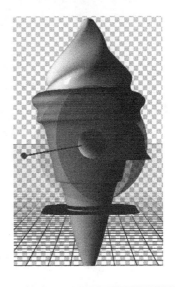

2. 关于OpenGL

OpenGL是一种软件和硬件标准，可在处理大型或复杂图像（如3D文件）时加速视频处理过程。在安装了OpenGL的系统中，打开、移动和编辑3D模型时的性能将有极大提高。

工作经验小贴士

如果未在系统中检测到OpenGL，Photoshop则使用只用于软件的光线跟踪渲染来显示3D文件。如果系统中安装有OpenGL，则可以在Photoshop首选项中启用它。

1 选择【性能】选项	2 选中【启用OpenGL绘图】复选框
选择【编辑】▶【首选项】菜单命令，弹出【首选项】对话框，选择左侧窗格中的【性能】选项。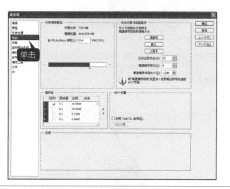	在GPU选项区域中单击选中【启用OpenGL绘图】复选框。单击【确定】按钮。首选项会影响新的（不是当前已打开的）窗口，无需重启。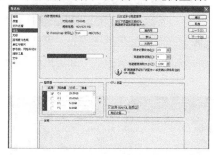

3. 打开3D文件

Photoshop CS6可以打开3D文件自身或将其作为3D图层添加到打开的Photoshop文件中。将文件作为3D图层添加时，该图层会使用现有文件的尺寸。3D图层包含3D模型和透明背景。执行下列操作之一可以打开3D文件。

方法一：选择【文件】▶【打开】菜单命令，在【打开】对话框中选择要打开的文件后单击【打开】按钮。

方法二：在文档打开时，选择【3D】▶【从文件新建3D图层】命令，然后选择要打开的3D文件。此操作会将现有的3D文件作为图层添加到当前的文件中。

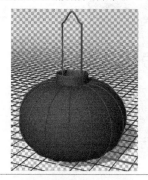

打开3D面板的操作方法有以下3种。

(1) 选择【窗口】▶3D菜单命令。

(2) 在【图层】面板中的图层缩览图上双击3D图层按钮■。

(3) 选择【窗口】▶【工作区】▶【高级3D】菜单命令。

打开3D面板后，其中会显示关联的3D文件的组件。在面板顶部列出了文件中的网格、材料和光源；面板的底部显示了在顶部选定的3D组件的设置和选项。

11.2 实例2——移动、旋转与缩放

本节视频教学时间：5分钟

应用photoshop 3D技术可以对3D对象执行移动、旋转和缩放操作，打开一个3D文件，进入Photoshop CS6的3D模式之下，在3D面板中选择【场景】选项，即可激活3D模式中3D模型的移动、旋转与缩放等命令。

3D 模式: 1 2 3 4 5

各选项介绍如下。

1. 旋转3D对象

使用该工具可以使3D对象实现三维旋转。

1 打开素材	**2** 单击【旋转3D对象】按钮
打开随书光盘中的"素材\ch11\13.2-1.psd"文件。 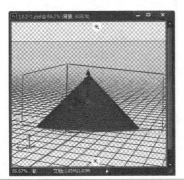	单击【旋转3D对象】按钮，呈现如图所示的指针效果。 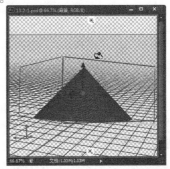
3 拖曳鼠标	**4** 继续拖曳鼠标
在图像中单击并拖曳鼠标，对象即可实现三维旋转。 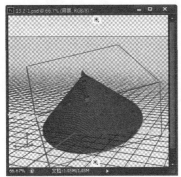	继续拖曳鼠标，图像再次实现三维旋转，图像左上方的坐标即显示了当前对象的视角方向。 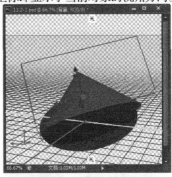

2. 滚动3D对象

该工具可以使对象以当前视角为轴线，360°旋转滚动显示。

1 单击【滚动3D对象】按钮	2 向右拖曳鼠标
打开随书光盘中的"素材\ch11\13.2-1.psd"文件，单击【滚动3D对象】按钮，鼠标指针变成如下图所示的样式。	在图像中单击并向右拖曳鼠标，3D对象开始以沿着X轴方向的直线为轴旋转。继续向外拖曳鼠标，3D对象继续旋转。
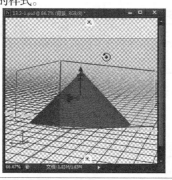	

3. 拖动3D对象

该工具可以使对象在水平位置沿着当前平面横轴移动。

1 单击【拖动3D对象】按钮	2 拖曳鼠标
打开随书光盘中的"素材\ch11\13.2-1.psd"文件。单击【拖动3D对象】按钮，鼠标指针变成如下图所示的样式。	在图像中单击并向右拖曳鼠标，3D对象向右移动。再次向左拖曳鼠标，3D对象向左移动。
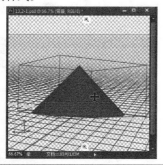	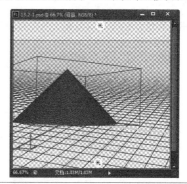

4. 滑动3D对象

该工具可以使对象以当前地面为参考平面，向四周滑动。

1 单击【3D对象滑动工具】按钮	2 向左侧移动鼠标
打开随书光盘中的"素材\ch11\13.2-1.psd"文件，单击【3D对象滑动工具】按钮，鼠标指针变成图中样式。	在图像中单击并向左侧移动鼠标，3D对象向左滑动。
	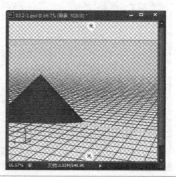

3	继续拖曳鼠标		4	继续拖曳鼠标

继续向上拖曳鼠标，3D对象向远处滑动。

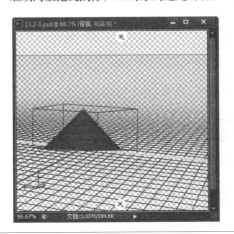

向下拖曳鼠标，3D对象向近处滑动。

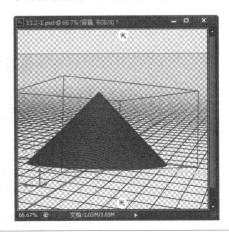

实际上对象只是在一个固定的参考平面上移动，并没有放大和缩小，视觉上的变大和缩小只是遵循了"近大远小"的原则。

5. 缩放3D对象

该工具可以使对象以自身中心放大或缩小。

1	单击【3D对象比例工具】按钮		2	拖曳鼠标

打开随书光盘中的"素材\ch11\13.2-1.psd"文件，单击【3D对象比例工具】按钮，鼠标指针变成如下图所示的样式。

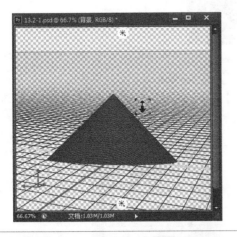

在图像中单击向下拖曳鼠标，图像等比例缩小；再向上拖曳鼠标，图像等比例放大。

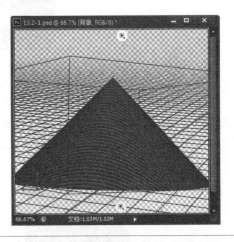

11.3 实例3——设置材质：足球模型

本节视频教学时间：3分钟

3D面板列表框列出了3D文件中使用的材料。可能有一种或多种材料用来创建模型的整体外观。如果模型包含多个网格，则每个网格可能会有与之关联的特定材料。或者模型可以从一个网格构建，但使用多种材质。在这种情况下，每种材质分别控制网格特定部分的外观。

选中3D面板中的材质，在【属性】面板中会显示该材料所使用的特定纹理映射。某些纹理映射（如"漫射"和"凹凸"）通常依赖于2D文件来提供创建纹理的特定颜色或图案，如果材质使用纹理映射，则纹理文件会列在映射类型旁边。

材质所使用的2D纹理映射也会作为"纹理"出现在【图层】面板中，它们按纹理映射类别编组。可以有多种材质使用相同的纹理映射。

在材质【属性】面板中单击【正常】或【环境】右侧的按钮，在弹出的下拉列表中选择【新建纹理】或【载入纹理】菜单命令可以创建、载入纹理。也可以直接在模型区域上绘制纹理。

另外，对于材质的纹理效果，用户可以单击【漫射】右侧的按钮，在弹出的下拉列表中选择相应的命令来对纹理进行编辑、新建、替换以及移去等操作。

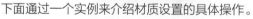

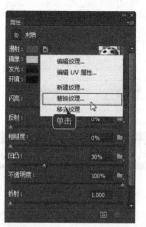

下面通过一个实例来介绍材质设置的具体操作。

1 打开素材

打开随书光盘中的"素材\ch11\足球.psd"文件。

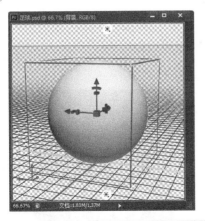

2 选择【球体材质】选项

选择【窗口】▶【3D】菜单命令，打开3D面板，选择【场景】中的【球体材质】选项。

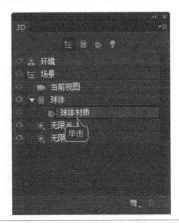

3 选择替换纹理

打开材质【属性】面板，在其中单击【漫射】右侧的按钮，在弹出的下拉列表中选择【替换纹理】菜单命令。

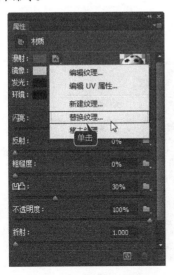

4 图像有立体效果

弹出【打开】对话框，选择随书光盘的"素材\ch11\足球素材.jpg"文件，单击【打开】按钮。

11.4 实例4——创建3D形状

 本节视频教学时间：8分钟

Photoshop 可以将2D图层作为起始点生成各种基本的3D对象。创建3D对象后，可以在3D空间移动、更改渲染设置、添加光源或将其与其他3D图层合并。

11.4.1 创建3D明信片

下面通过一个实例来介绍创建3D明信片的具体操作。

1 打开素材

打开随书光盘中的"素材\ch11\图01.jpg"文件。

2 打开3D面板

选择【窗口】▶3D菜单命令，打开3D面板，在【创建3D对象】设置区域中单击选中【3D明信片】单选项。

单击【创建】按钮，即可创建3D明信片，其图层也发生了变化。

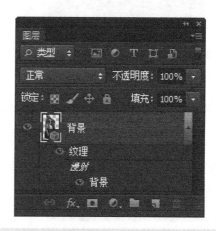

工作经验小贴士

2D图层转换为【图层】面板中的3D图层后，2D图层内容将作为材料应用于明信片两面，原始2D图层作为3D明信片对象的"漫射"纹理会映射出现在【图层】面板中。另外，3D图层将保留原始2D图像的尺寸。

11.4.2 创建锥形

下面通过一个实例来介绍创建锥形的具体操作。

1 打开素材	2 查看效果
打开随书光盘中的"素材\ch11\锥形.jpg"文件。 	在3D面板中单击选中【从预设创建网格】单选项，然后单击下方的下拉按钮，在弹出的下拉列表中选择【锥形】选项，再单击【创建】按钮，即可创建锥形。 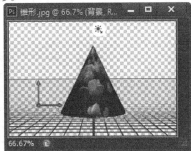

11.4.3 创建立方体

下面通过一个实例来介绍创建立方体的具体操作。

1 打开素材	2 查看效果
打开随书光盘中的"素材\ch11\立方体.jpg"文件。 	在3D面板中单击选中【从预设创建网格】单选项，然后单击下方的下拉按钮，在弹出的下拉列表中选择【立方环绕】选项，然后单击【创建】按钮，即可创建立方体。 

11.4.4 创建圆柱体

下面通过一个实例来介绍创建圆柱体的具体操作。

1 打开素材	2 查看效果
打开随书光盘中的"素材\ch11\圆柱体.jpg"文件。 	在3D面板中单击选中【从预设创建网格】单选项，然后单击下方的下拉按钮，在弹出的下拉列表中选择【圆柱体】选项，然后单击【创建】按钮，即可创建圆柱体。 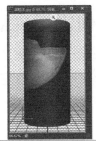

11.4.5 创建圆环

下面通过一个实例来介绍创建圆柱体的具体操作。

1 打开素材

打开随书光盘中的"素材\ch11\圆环.jpg"文件。

2 单击【创建】按钮

在3D面板中单击选中【从预设创建网格】单选项，然后单击下方的下拉按钮，在弹出的下拉列表中选择【圆环】选项，然后单击【创建】按钮，即可创建圆环。

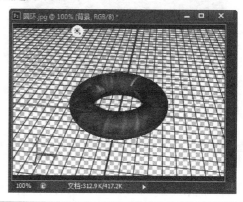

11.4.6 创建球体

下面通过一个实例来介绍创建3D球体的具体操作。

1 打开素材

打开随书光盘中的"素材\ch11\球体.jpg"文件。

2 单击【创建】按钮

在3D面板中单击选中【从预设创建网格】单选项，然后单击下方的下拉按钮，在弹出的下拉列表中选择【球体】选项，然后单击【创建】按钮，即可创建3D球体模型。

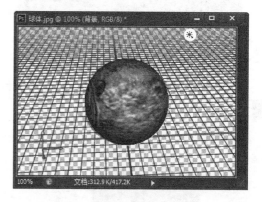

11.4.7 创建3D网格

在3D面板中单击选中【从深度映射创建网格】单选项，可以创建3D网格，其中较亮的值生成表面凸起的区域，较暗的值生成凹下的区域。

(1)【平面】：将深度映射数据应用于平面表面。

(2)【双面平面】：创建两个沿中心轴对称的平面，并将深度映射数据应用于两个平面。

(3)【圆柱体】：从垂直轴中心向外应用深度映射数据。

(4)【球体】：从中心点向外呈放射状地应用深度映射数据。

下面通过一个实例来介绍创建3D网格的具体操作。

1 新建文档	**2 选择【分层云彩】菜单命令**
选择【文件】➤【新建】命令。新建一个800像素×600像素的文档。	选择【滤镜】➤【渲染】➤【分层云彩】菜单命令。

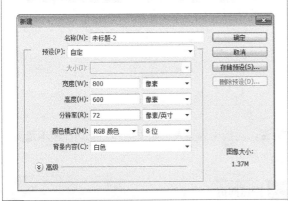

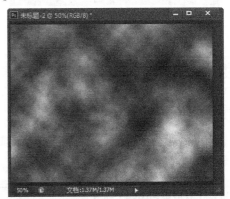

3 打开【调整】面板	**4 打开【曲线】面板**
单击【窗口】➤【调整】命令，打开【调整】面板。	单击【调整】面板中的【创建新的曲线调整图层】按钮，打开曲线属性板，对曲线进行如下图所示的调整。

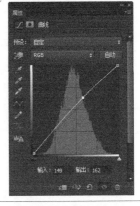

工作经验小贴士

单击【曲线】面板下方的【此调整影响下面的所有图层（单击可剪切到图层）】按钮，可对曲线图层下方的所有图层执行调整操作。

5 选择【向下合并】命令

右击【曲线1】图层，在弹出的菜单中选择【向下合并】命令，合并成一个图层。

6 单击【创建】按钮

在3D面板中单击选中【从深度映射创建网格】单选项，单击其下方的下拉按钮，在弹出的下拉列表中选择【双面平面】选项，然后单击【创建】按钮，即可创建一个双面平面模型。

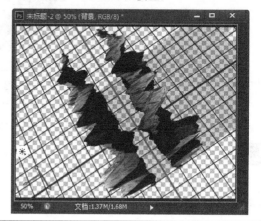

高手私房菜

技巧：联机浏览3D内容

Photoshop CS6的3D功能相对于以前的版本来说，功能更为强大，如果用户对此功能还不是很了解，则可以进行联机查看3D内容。

1 选择【获取更多内容】命令

在Photoshop CS6的操作界面中选择3D▶【获取更多内容】命令。

2 浏览网页

打开Photoshop CS6的3D内容浏览网页，在其中可以浏览和下载相关的3D内容。

第 12 章

Photoshop CS6
在照片处理中的应用

 本章视频教学时间: 48 分钟

本章主要介绍如何在Photoshop CS6中综合运用各种工具来处理照片。

【学习目标】

通过本章的学习，读者可以掌握使用 Photoshop CS6 处理照片的方法。

【本章涉及知识点】

掌握人物照片和风景照片的处理方法

掌握婚纱照片和写真照片的处理方法

掌握中老年照片和儿童照片的处理方法

掌握漫画娱乐类照片的处理方法

12.1 实例1——人物照片处理

 本节视频教学时间：4分钟

本实例主要利用【标尺工具】将倾斜的人物照片调整为姿态正常的照片。

1 打开素材文件

打开随书光盘中的"素材\ch12\倾斜人物.jpg"素材图片。

2 绘制度量线

选择【标尺工具】，在画面的底部即人物双脚下方拖曳出一条度量线。

3 查看度量线信息

选择【窗口】➤【信息】菜单命令，打开【信息】面板。查看有关度量线的信息，也即照片的倾斜位置信息。其中"A:25.6°"就表示照片的倾斜角度。

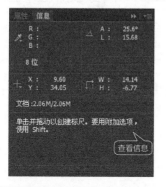

4 旋转图像

选择【图像】➤【图像旋转】➤【任意角度】菜单命令，打开【旋转画布】对话框，【角度】文本框中默认显示量度出的照片的倾斜角度，单击【确定】按钮。

5 修剪图像

选择【裁剪工具】，修剪图像。

6 查看效果

修剪完毕后按【Enter】键确定。

12.2 实例2——风景照片处理

 本节视频教学时间：4分钟

本实例要求处理一张带雾蒙蒙效果的风景图，通过处理，让照片重新显示明亮、清晰的效果。

1 打开素材文件

打开随书光盘中的"素材\ch12\灰蒙蒙.jpg"素材图片。

2 设置【高反差保留】选项

按【Ctrl+ J】组合键复制图层。选择【滤镜】➤【其他】➤【高反差保留】菜单命令，弹出【高反差保留】对话框，在【半径】文本框中输入"4.0"，单击【确定】按钮。

3 调整亮度和对比度

选择【图像】➤【调整】➤【亮度/对比度】菜单命令，弹出【亮度/对比度】对话框，设置【亮度】为"–10"，【对比度】为"18"，然后单击【确定】按钮。

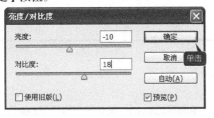

4 设置图层模式

在【图层】面板中设置图层混合模式为【叠加】，设置【不透明度】为"80%"。

5 设置曲线

按【Ctrl+M】组合键，弹出【曲线】对话框，设置输入和输出参数。读者可以根据预览的效果去调整不同的参数，直到效果满意为止。

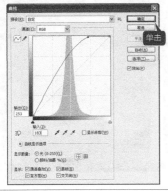

6 查看效果

单击【确定】按钮，完成设置，按【Ctrl+ E】组合键合并图层，风景照片处理完毕。

工作经验小贴士

处理风景照片主要是调整图片的亮度与对比度，处理好这些就能使风景照片的清晰度大增加，从而达到理想的效果。

12.3 实例3——婚纱照片处理

本节视频教学时间：5分钟

本实例要求处理一张婚纱照片，将另外一张照片添加为背景，以给人无限遐想空间。

第1步：制作图像拼接效果

1 打开素材文件	**2** 设置画面大小
打开随书光盘中的"素材\ch12婚纱照.psd"和"湖面风光.psd"素材图片。 	选择"婚纱照.psd"，再选择【图像】▶【画布大小】菜单命令，弹出【画面大小】对话框。设置【宽度】为"800"像素，【高度】为"2000"像素。 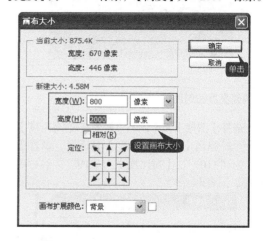
3 完成设置	**4** 将"湖面风光.psd"拖曳到"婚纱照.psd"文档中
单击【确定】按钮，可以将该图像的画布调整为800像素×2000像素。 	使用【移动工具】将"湖面风光.psd"拖曳到"婚纱照.psd"文档中，并调整位置至婚纱照上方。 

5 解锁背景

在【图层】面板上双击【背景】对【背景】图层进行解锁，从而得到【图层0】。

6 删除选区

使用【矩形选区工具】，选择婚纱照，按【Ctrl + Shift + I】组合键反选选区，按【Delete】键删除选区。

7 删除顶部选区

选择【图层0】图层，使用【套索工具】选择新郎新娘头顶区域，按【Delete】键删除选区。

8 删除湖面选区

选择【背景】图层，保留选区下半部分的形状，并增大选区区域至湖面风光全部被选定，按【Ctrl+Shift+I】组合键反选选区，按【Delete】键删除选区。

9 拼接图层

移动【背景】图层与【图层0】图层拼接在一起。

10 融合图像

按【Ctrl+Shift+E】组合键合并所有可见选区，并在工具栏中选择【仿制图章工具】命令，设置【不透明度】为"75%"，【流量】为"85%"。按住【Alt】键单击湖面下面的部分，然后在图中交界处涂抹，直到做出融合在一起的效果为止。

第2步：剪裁图像

1 打开素材文件	**2 查看最终效果**
选择【裁剪工具】 ![] ，修剪图像。	修剪完毕后按【Enter】键确定，最终效果如下图所示。

 工作经验小贴士

在设置两幅画面的交界时应注意在选区处要过渡自然，使用图章工具时设置合理的流量与不透明度也很重要，可以根据实际情况缩放"湖面风光.jpg"图片在合成图中的大小。

12.4 实例4——写真照片处理

![] **本节视频教学时间：6分钟**

本实例要求处理一张富有想象空间的写真照片，通过处理，让照片中的主人公拥有一双飞翔的翅膀。

1 打开素材文件	**2 移动并调整翅膀**
打开随书光盘中的"素材\ch12\写真照片.psd"和"翅膀.psd"素材图片。	使用【移动工具】将"翅膀.psd"拖曳到"写真照片.psd"文档中，按【Ctrl+T】组合键，再按住【Shift】键对翅膀进行等比例缩放，至合适大小后进行适当旋转，以适合女孩的稍微倾斜的身姿。

3 旋转图层	4 选择魔棒工具

3 旋转图层

　　复制【图层1】图层，选择【图层1副本】图层，按【Ctrl+T】组合键，然后旋转图层方向。

4 选择魔棒工具

　　选择【背景】图层，在【图层】面板中隐藏【图层1】，选择【魔棒工具】，设置【容差】为"12"，然后选择女孩右侧的粉色区域。

5 删除选区

　　在【图层】面板中显示【图层1】，按【Ctrl+Shift+I】组合键反选选区，然后选择【橡皮擦工具】命令，擦除翅膀的多余部分。

6 查看效果

　　使用相同方法擦除左侧翅膀的多余部分，照片处理效果图如下。

工作经验小贴士

　　处理写真照片时一定要有想象空间，符合拍摄照片的原始想法，本例中需要注意地方有：使用复制图层的操作保证翅膀的大小一致；翅膀的颜色采用浅紫色，与图片中的粉色背景符合；适当旋转翅膀与图片中女孩倾斜的身姿符合。

12.5 实例5——中老年照片处理

 本节视频教学时间：8分钟

　　家里总有一些爷爷、奶奶或父母的老照片，拍摄成数码照片之后通过Photoshop CS6来修复这些老照片，作为礼物送给他们，他们一定会很高兴的。

1 打开素材文件

打开随书光盘中的"素材\ch12\老照片.jpg"素材图片。

2 设置污点修复画笔工具

选择【污点修复画笔工具】，并在参数面板栏中进行如下图所示的设置。

3 修复划痕

将鼠标指针移到需要修复的位置，按住【Alt】键在需要修复的附近单击进行取样，然后在需要修复的位置单击即可修复划痕。

4 设置色彩平衡

选择【图像】➤【调整】➤【色彩平衡】菜单命令，在弹出的【色彩平衡】对话框中设置【色阶】选项依次为"0"、"0"和"+42"，然后单击【确定】按钮。

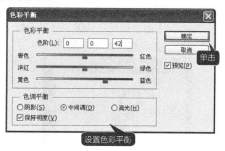

5 设置曲线

选择【图像】➤【调整】➤【曲线】菜单命令，在弹出的【曲线】对话框中拖动曲线来调整图像的亮度（或者设置【输入】为"136"，【输出】为"165"），然后单击【确定】按钮。

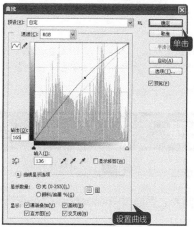

6 完成处理

单击【确定】按钮，中老年照片处理完成。

工作经验小贴士

处理旧照片主要是修复划痕和调整颜色，因为旧照片通常都泛黄，因此在使用【色彩平衡】命令时应该相应地降低黄色成分，以恢复照片本来的效果。

12.6 实例6——儿童照片处理

 本节视频教学时间：10分钟

本实例主要是利用【快速选择工具】和自由变换来制作儿童相册页。

1 打开素材文件

打开随书光盘中的"素材\ch12\儿童01.jpg"和"儿童02.jpg"儿童相册。

2 选取背景

选择"儿童01.jpg"图像，使用【快速选择工具】在背景区域单击，选取背景。

3 删除背景

在【图层】面板上双击【背景】图层对【背景】图层进行解锁，按【Delete】键删除背景，然后按【Ctrl+D】组合键取消选区。

4 去除素材"儿童02.jpg"的背景

使用同样的方法去除素材"儿童02.jpg"的背景。

5 移动图片

打开随书光盘中的"素材\ch12\相册页.psd"素材，使用【移动工具】将去除背景的"儿童01.jpj"和"儿童02.jpg"拖曳到"相册页.psd"文档中。

6 调整顺序

按【Ctrl+T】组合键分别调整"儿童01.jpg"和"儿童02.jpg"的位置和大小，并调整图层顺序。

7　设置前景色

　　设置前景色为粉色（C:0、M:40、Y:0、K:0），选择【画笔工具】，在属性栏中进行如下图所示的设置，并选择枫叶图案。

8　制作完成

　　新建一个图层，在图像中拖曳鼠标，绘制如下图所示的图像，儿童相册页制作完成。

工作经验小贴士

　　在制作儿童相册的时候，风格上要以活泼为主，添加一些小动物或者花花草草之类的图案，可以更符合小朋友的心理。

12.7　实例7——漫画娱乐类照片处理

 本节视频教学时间：11分钟

　　本实例要求处理一张多图层图像，通过对动画人物调整位置，再进行反选等操作，制作一个动画光盘的效果。

1　打开素材文件并调整位置

　　打开随书光盘中的"素材\ch12\喜羊羊与灰太狼.psd"素材图片，依次选择不同的图层将相应的动画人物的位置调整至合适位置。

2　翻转图层

　　选择【村长】图层，再选择【编辑】➤【变换】➤【水平翻转】菜单命令，再用同样的方法调整【美羊羊】图层。

3 设置画布大小

选择【图像】▶【画布大小】菜单命令，弹出【画面大小】对话框，设置【宽度】为"1400像素"，【高度】为"1400像素"，单击【确定】按钮。

4 填充图形

选择【矩形选框工具】，再选择【背景】图层，在图层中心处选取矩形区域，按【Ctrl+C】组合键复制选区，按【Ctrl+V】组合键粘贴区域，并移动区域至画面边缘处。然后重复上述操作，直至画面中多余的空白都被填充为草地。

5 删除背景选区

选择【背景】图层，再选择【椭圆选框工具】，按住【Shift】键拖曳出一个圆形区域，并移动至画面中心位置，再按【Delete】键删除选区。

6 查看最终效果

重复上述步骤画一个大圆区域，将图片中的人物全部置于选区中，根据标尺值使两个圆形区域为同心圆，按【Ctrl+Shift+I】组合键反选选区，再按【Delete】键删除选区，然后按【Ctrl+D】组合键取消选区，效果如下图所示。

工作经验小贴士

注意将人物均匀地分布在光盘上后，部分人物的面朝方向也要进行调整，必要时可以添加旋转以符合要求。巧用【椭圆选框工具】选择圆形区域也是本实例成功的关键所在。

高手私房菜

技巧1：照相空间的设置

不要留太多的头部空间。如果人物头部上方留太多空间会给人拥挤的、不舒展的感觉，一般情况下，被摄体的眼睛在景框上方1／3的地方。也就是说，人的头部一定要放在景框的上1／3部分，这样就可以避免"头部空间太大"的问题。这个问题非常简单，但往往被人忽视。

技巧2：如何在户外拍摄人像

在户外拍摄人像时，一般不要到阳光直射的地方，特别是在光线很强的夏天。但是，如果由于条件所限必须在这样的环境中拍摄，则需要让被摄体背对阳光，这就是人们常说的"肩膀上的太阳"规则。这样被摄体的肩膀和头发上就会留下不错的边缘光效果（轮廓光）。然后再用闪光灯略微（较低亮度）给被摄体的面部补充光线，就可以得到一张与周围的自然光融为一体的完美照片了。

技巧3：在室内拍摄技巧

人们看照片时，首先是被照片中最明亮的景物所吸引，所以要把最亮的光投射到你希望的位置。室内人像摄影，毫无疑问人物的脸是最引人注目的，那么最明亮的光线应该在脸上，然后逐渐沿着身体往下而变暗，这样就能增加趣味性、生动性和立体感。

技巧4：安装笔刷后不能使用怎么办

如果用户将下载的笔刷解压到安装程序相应的文件夹中后，预置预设器中并没有显示，此时用户可以通过手动载入的方法安装笔刷。具体操作步骤如下。

1 单击【载入】按钮	**2** 单击【完成】按钮
启动Photoshop CS6软件，选择【编辑】➤【预设】➤【预设管理器】菜单命令，弹出【预设管理器】对话框，单击【载入】按钮。	弹出【载入】对话框，选择下载的笔刷文件，单击【载入】按钮返回【预设管理器】对话框，即可看到新安装的笔刷类型，单击【完成】按钮即可解决问题。

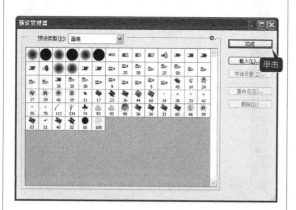

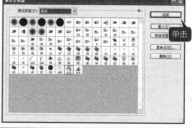

第13章

Photoshop CS6
在艺术设计中的应用

 本章视频教学时间：55分钟

本章介绍如何使用Photoshop CS6进行房地产广告设计、海报设计、包装设计和商业插图设计。

【学习目标】

通过本章的学习，读者可以用 Photoshop CS6 设计广告和海报等。

【本章涉及知识点】

房地产广告设计

产品包装设计

商业插画设计

13.1 实例1——房地产广告设计

本节视频教学时间：21分钟

本案例将要制作一张房地产广告，整体要求大气高雅。

第1步：新建文件

1 选择【新建】菜单命令

选择【文件】▶【新建】菜单命令，在弹出的【新建】对话框中设置【名称】为"房地产广告"。设置【宽度】为"48.3厘米"，【高度】为"35.21厘米"，【分辨率】为"300像素/英寸"，【颜色模式】为"CMYK颜色"模式。

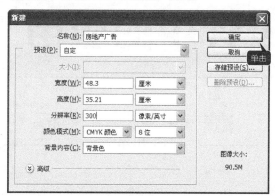

2 新建Photoshop文档

单击【确定】按钮，新建一个Photoshop文档。

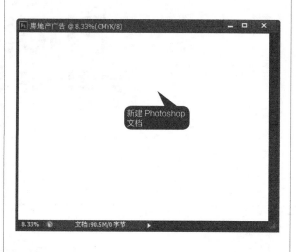

第2步：使用背景色填充

1 单击【设置背景色】按钮

在工具箱中单击【设置背景色】按钮，在【拾色器（背景色）】对话框中设置颜色为"C:23、M:39、Y:96、K:17"，单击【确定】按钮。

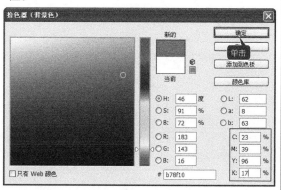

2 填充背景

并按【Ctrl+Delete】组合键填充背景。

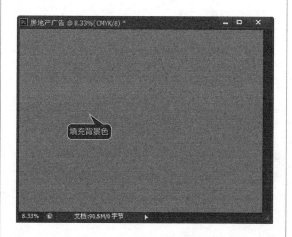

第3步：制作渐变效果

1 新建【图层1】图层

在【图层】面板下方单击【创建新图层】按钮来，新建【图层1】图层。

2 单击【色标】按钮

单击工具箱中的【渐变工具】，然后在工具选项栏中单击【点按可编辑渐变】按钮，弹出【渐变编辑器】对话框，单击颜色条右端下方的【色标】按钮，添加从黄色"C:0、M:15、Y:55、K:0"到白色的渐变。

3 使用鼠标拖曳一个矩形选框

单击【确定】按钮，返回Photoshop窗口，然后单击工具箱中的【矩形选框工具】，在画面中使用鼠标由上至下拖曳出一个矩形选框。

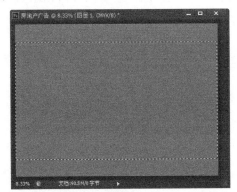

4 合并【图层1】图层与【背景】图层

在画面中使用鼠标由上至下拖曳进行从黄色"C:0、M:15、Y:55、K:0"到白色的渐变填充，按【Ctrl+D】组合键取消选区，合并【图层1】图层与【背景】图层。

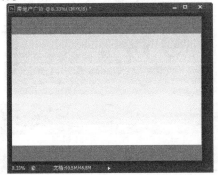

第4步：添加广告图片

1 打开素材

打开随书光盘中的"素材\ch13\全景图.psd"和"别墅.jpg"素材图片。

2 将素材图片拖入背景中

使用【移动工具】将"全景图.psd"和"别墅.jpg"素材图片拖入背景中，按【Ctrl+T】组合键执行自由变换调整到合适的位置。

调整到合适的位置

第5步：使用图层蒙版

1 单击【添加图层蒙版】按钮

单击【添加图层蒙版】按钮，在【图层】面板上为别墅图层添加一个图层蒙版。

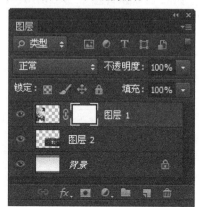

2 将别墅素材放于全景图图层上方

设置前景色为黑色，在工具箱中选择【画笔工具】 ，并根据实际需要设置画笔的大小与硬度。将别墅素材放于全景图的图层上方，使用【画笔工具】在别墅图片边缘涂抹使之虚化，这样别墅图片就和全景图片融合在一起了。

第6步：添加广告文字

1 打开素材

打开随书光盘中的"素材\ch13\文字01.psd"和"文字02.psd"素材图片。

2 使用【移动工具】

使用【移动工具】 将"文字01.psd"和"文字02.psd"素材图片拖入背景中，按【Ctrl+T】组合键执行自由变换将其调整到合适的位置。

第7步：添加广告标志和底纹

1 打开素材

打开随书光盘中的"素材\ch13\标志2.psd"和"花卉底纹02.psd"素材图片。

2 使用【移动工具】

使用【移动工具】 将"花卉底纹02.psd"和"标志.psd"素材图片拖入背景中，然后按【Ctrl+T】组合键执行自由变换将其调整到合适的位置。

3 选择【水平翻转】命令

　　按住【Alt】键复制底纹，并按【Ctrl+T】组合键执行自由变换，然后在图像上单击鼠标右键，在弹出的快捷菜单中选择【水平翻转】命令，调整底纹的位置。

4 合并图层

　　调整复制的底纹的位置，然后选择两个底纹图层，合并图层。

5 选择3个底纹图层并合并

　　复制两个合并后的底纹，将其调整合适的位置，再选择三个底纹图层并合并。

6 设置图层不透明度值

　　设置合并的底纹图层的图层【不透明度】值为"30%"。

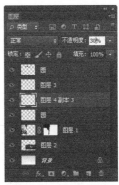

第8步：添加公司地址和宣传图片

1 打开素材

　　打开随书光盘中的"素材\ch13\宣传图.psd、交通图.psd、公司地址.psd"素材图片。

2 查看效果

　　使用【移动工具】将"宣传图.psd"、"交通图.psd"和"公司地址.psd"素材图片拖入背景中，然后按【Ctrl+T】组合键执行自由变换将其调整到合适的位置，至此一幅完整的房地产广告就做好了。

13.2 实例2——产品包装设计

本节视频教学时间：18分钟

本实例要求制作一个食品包装，整体要求色彩清新亮丽，图片清晰。

第1步：新建文件

1 单击【新建】菜单命令

单击【文件】▶【新建】菜单命令，弹出【新建】对话框，设置【宽度】为"180毫米"，【高度】为"230毫米"，【分辨率】为"200像素/英寸"，【颜色模式】为"CMYK颜色"模式，单击【确定】按钮。

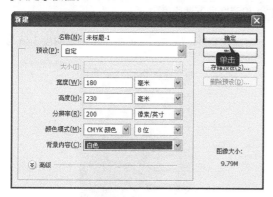

2 创建新的Photoshop文件

即可创建一个新的Photoshop文件。

第2步：使用前景色填充背景

1 设置前景色

在工具箱中单击【设置前景色】按钮，在弹出的【拾色器（前景色）】对话框中设置前景色颜色值为"C:0、M:70、Y:100、K:0"。

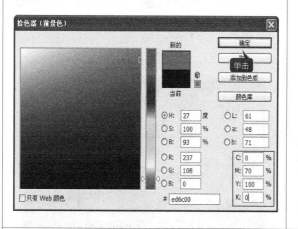

2 填充背景

单击【确定】按钮，并按【Alt+Delete】组合键填充背景。

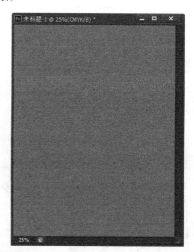

第3步：绘制背景底纹

1 单击【添加到选区】按钮

在工具箱中选择【多边形套索】工具，在属性栏单击【添加到选区】按钮。

2 取消选区

新建一个图层，在背景上绘制如下图所示的选区。

第4步：使用前景色填充

1 设置前景色

在工具箱中单击【设置前景色】按钮，在弹出的【拾色器（前景色）】对话框中设置前景色颜色值为"C:21、M:80、Y:100、K:11"。

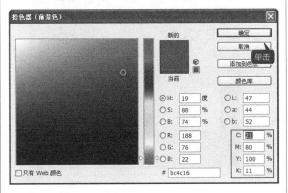

2 取消选区

单击【确定】按钮，并按【Alt+Delete】组合键填充选区，再按【Ctrl+D】组合键取消选区。

第5步：使用素材

1 打开素材

打开随书光盘中的"素材\ch13\饼干.psd"素材图片。

2 使用【移动工具】调整图片

使用【移动工具】将饼干图像拖曳到画面中，并通过自由变换命令来调整其大小合位置。

3 取消选区

使用【矩形选框工具】在盘子的下方创建一个选区，再按【Delete】键清除选区中的内容，然后按【Ctrl+D】组合键取消选区。

4 打开素材

打开随书光盘中的"素材\ch13\海贝鲜.psd"素材图片。

5 调整图片大小和位置

使用【移动工具】将海贝鲜图像拖曳到画面中，并通过自由变换来调整其大小和位置。

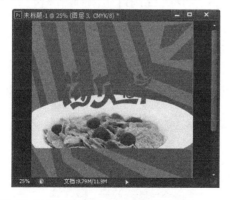

6 在图层缩览图上双击选取图案

按住【Ctrl】键在图层的缩览图上双击选取图案，将其填充颜色值为"C:0、M:0、Y:100、K:0"的黄色。

第6步：使用自定义图形

1 在下拉框中选在心形图案

选择【自定形状工具】，在属性栏中单击【点按可打开"自定义形状"拾色器】按钮，在下拉框中选择心形图案。

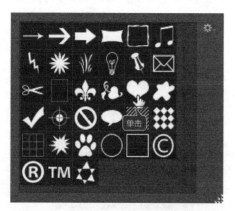

2 选择【栅格化图层】命令

设置前景色为"Y:100"的黄色，在画面中用鼠标拖曳出黄色心形。在【图层】面板中选择【形状】图层，单击鼠标右键在弹出的快捷菜单中选择【栅格化图层】命令将图层栅格化。

第7步：编辑自定义图形

1 在图层缩览图上单击建立选区

在【图层】面板中复制【形状1】图层，按住【Ctrl】键在其图层缩览图上单击建立选区，将其填充颜色值为"C:100、M:0、Y:0、K:0"的蓝色。

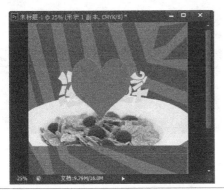

2 选择【形状1副本】图层和【形状1】图层

按【Ctrl+T】组合键来调整大小。按住【Ctrl】键在【图层】面板中选择【形状1副本】图层和【形状1】图层。

3 打开素材

按【Ctrl+E】组合键合并所有形状图层。将"海贝鲜"图层放置在最上方，按【Ctrl+T】组合键调用自由变换来调整心形和海贝鲜的大小及位置。

4 使用【移动工具】调整图片

选中【形状1副本】和【图层3】图层，然后单击【图层】面板下方的【链接图层】按钮 🔗，将【形状1副本】图层和【图层3】图层链接。

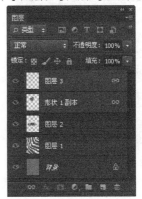

第8步：继续使用自定图形

1 设置前景色为绿色

设置前景色为绿色"C:100、M:0、Y:100、K:0"。

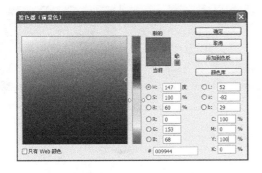

2 选择【横幅和奖品】选项

选择【自定形状工具】 ▣，在属性栏中单选择工具模式为【像素】和【点按可打开"自定形状"拾色器】按钮，在下拉框中选择"旗帜"图案，如果下拉框中没有"旗帜"图案，则单击下拉框右上角的按键，选择【横幅和奖品】，再单击追加即可。

3 选择"旗帜"自定形状图案	4 调整图片大小及位置
形状下拉列表中，选择"旗帜"自定形状图案，来绘制"旗帜"自定形状图案。	按住【Ctrl+T】组合键来调整大小及位置。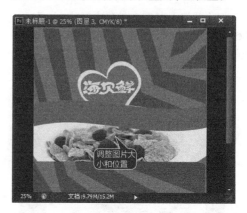

第9步：输入文字

1 输入文字信息	2 设置字号和颜色
选择【文字工具】，输入文字。在【字符】面板中设置DELICIOUS【字号】为"23"，【字体】为"华文隶书"，字体【颜色】为"白色"。	继续输入文字信息Best Foods，在【字符】面板中设置Best Foods【字号】为"18"，字体【颜色】为"红色"，最后的效果如下图所示。

第10步：编辑文字

1 选择【描边】命令	2 单击【确定】按钮
选中 "DELICIOUS"文字，在【图层】面板中单击【添加图层样式】按钮，在下拉菜单中选择【描边】命令。打开【图层样式】对话框，进行如图所示的设置，最后单击【确定】按钮。	在属性栏中单击【创建文字变形】按钮，在打开的【变形文字】对话框中进行如图所示的设置，单击【确定】按钮。

第11步：添加标识

1 打开素材

打开随书光盘中的"素材\ch13\标志.psd、形状1.psd"素材图片。

2 单击【添加蒙版】按钮

使用【移动工具】将素材图像拖曳到画面中，并使用自由变换命令来调整其大小和位置。选中【图层2】，单击【添加蒙版】按钮，为图层添加蒙版效果将白色背景去除。

第12步：制作立体效果

1 使用【钢笔工具】绘制一个路径

设置前景色为白色，新建一个图层，使用【钢笔工具】绘制一个路径。

2 将路径转化为选区

在【路径】面板下方单击【将路径作为选区载入】按钮，将路径转化为选区，填充背景为白色。

3 设置【不透明度】为60%

在【图层】面板中设置该图层的【不透明度】为"60%"，并【栅格化】该图层，再按【Ctrl+D】组合键取消选区。

4 完成立体效果制作

使用【橡皮擦工具】在【图层4】上方进行涂抹。再使用同样的操作方法绘制包装袋其他位置上的明暗效果，完成立体效果的制作。

13.3 实例3——商业插图设计

本节视频教学时间：16分钟

本案例要求制作一个商业插图，该案例整体风格为简约、古朴。

第1步：新建文件

1 单击【新建】菜单命令

单击【文件】▶【新建】菜单命令，弹出【新建】对话框，设置【宽度】为"800像素"，【高度】为"800像素"，【分辨率】为"72像素/英寸"，【颜色模式】为"RGB颜色"模式。

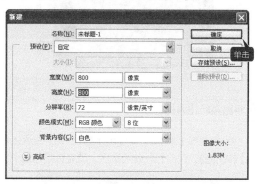

2 创建新的Photoshop文件

单击【确定】按钮，即可创建一个新的Photoshop文件。

第2步：添加渐变效果

1 添加从灰色到白色的渐变值

单击工具箱中的【渐变工具】，然后在工具选项栏中单击【点按可编辑渐变】按钮，弹出【渐变编辑器】对话框，单击颜色条右端下方的【色标】按钮，添加从灰色"C:27、M:21、Y:20、K:0"到白色的渐变。

2 使用鼠标拖曳填充颜色

单击【确定】按钮，返回Photoshop窗口，在画面中使用鼠标由下至上拖曳进行从灰色"C:0、M:15、Y:55、K:0"到白色的渐变填充。

第3步：添加插图

1 将素材拖曳到画面中

打开随书光盘中的"素材\ch13\插图.psd"素材图片。使用【移动工具】 将其拖曳到画面中，并通过自由变换来调整其大小和位置。

2 设置画笔的大小与硬度

选中【图层1】，然后单击【图层】面板中的【添加蒙版】按钮，为图层1添加蒙版。设置前景色为黑色，然后选择【画笔工具】，并在属性栏中设置画笔的大小与硬度。

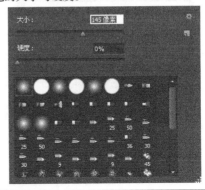

3 使用画笔工具虚化边缘

使用画笔工具在插图图片边缘涂抹使之虚化，这样插图图片就和背景图片融合在一起了。

4 设置【不透明度】为50%

在【图层】面板中设置【图层1】的【不透明度】为"50%"，虚化插图。

第4步：添加商业元素

1 打开素材

打开随书光盘中的"素材\ch13\瓶子.psd"素材图片。

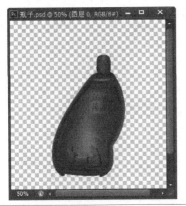

2 调整图片大小和位置

使用【移动工具】 将瓶子图像拖曳到画面中，并通过自由变换来调整其大小和位置。

233

3 移动瓶子至合适的位置	4 设置【不透明度】为50%
复制瓶子所在图层，选中【图层2 副本】图层，然后选择【编辑】▶【变换】▶【垂直翻转】菜单命令，翻转瓶子，并移动瓶子至合适的位置。	选中【图层2 副本】图层，设置【不透明度】为"50%"。

第5步：输入文字信息

1 输入文字信息	2 设置字号字体和颜色
选择【直排文字工具】 ，输入文字信息"饮中八仙歌"。	在【字符】面板中设置"饮中八仙歌"【字号】为"40"，【字体】为"华文隶书"，字体【颜色】为"黑色"。
	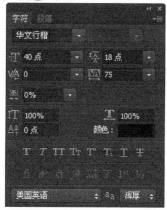

3 输入作者名字	4 设置字号字体和颜色
选择【直排文字工具】 ，输入文字信息"作者：杜甫"。	在【字符】面板中设置"作者：杜甫"【字号】为"20"，【字体】为"华文隶书"，字体【颜色】为"黑色"。

5 输入诗歌内容

使用【直排文字工具】输入诗歌内容"知章骑马似乘船，眼花落井水底眠。汝阳三斗始朝天，道逢麹车口流涎，恨不移封向酒泉"。

6 查看效果

设置诗歌内容文字的大小，最终的效果如下图所示。

第6步：添加文字特效

1 合并所有文字图层

在【图层】面板中选择所有文字图层，按组合键【Ctrl+E】合并所有文字图层。

2 设置【不透明度】为80%

双击合并后的文字图层，打开【图层样式】对话框，单击选中【渐变叠加】复选框，设置【不透明度】为"80%"，单击【确定】按钮。

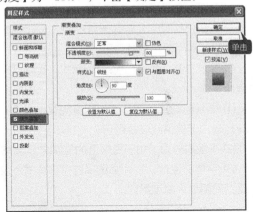

可以看到为文字添加的特殊效果，至此一个简单的商业插图就设计完成了。

工作经验小贴士

本案例设计的是一个有关酒的商业插图，因此其整体风格比较简约，且颜色偏暗，给人一种厚重的感觉。

举一反三

本章学习了Photoshop CS6 在艺术设计中的应用案例，包括广告、包装，以及插画的设计。与之类似的还有，电脑广告图片和瓶装商品贴标签等。

高手私房菜

技巧：了解海报设计所遵循的原则

对于每一个平面设计师来说，海报设计都是一个挑战。二维平面的海报用途数不胜数，其表现题材从广告到公共服务公告等无所不包。设计师的挑战是要使设计出来的海报能够吸引人，而且能传播特定信息，从而最终激发观看的人。

在创作广告、海报和包装设计时，就需要遵循一些创作的基本原则，这些原则能对你在设计海报时有所帮助。

(1) 图片的选择。图片的作用是简化信息——避免过于复杂的构图。图片通常说明所要表现的产品是什么、由谁提供或谁要用它。

(2) 排版的能力。由于海报上的文字总是非常浓缩，所以海报文字的排版非常重要。

(3) 字体的设计。设计师选择的字体样式、文字版面及文字与图片之间的比例将决定所要传达的信息是否能够让人易读易记。

第14章

Photoshop CS6
在网页设计中的应用

 本章视频教学时间：1 小时 8 分钟

使用Photoshop CS6不仅可以处理图片，还可以在其中进行网页设计，本章主要介绍汽车网页的设计和房地产网页的设计等。

【学习目标】

通过本章的学习，读者可以掌握 Photoshop CS6 在网页设计中的应用方法。

【本章涉及知识点】

掌握汽车网页设计的设计方法

掌握房地产网页的设计方法

14.1 实例1——汽车网页设计

本节视频教学时间：41分钟

网页设计是Photoshop的一种拓展功能，是网站程序设计的好搭档，本实例主要介绍如何制作一个汽车网页。

第1步：制作公司Logo

1 新建文件

单击【文件】▶【新建】菜单命令，打开【新建】对话框，在【名称】文本框中输入"公司Logo"，将【高度】设置为"600像素"，【宽度】设置为"200像素"，【分辨率】设置为"72像素/英寸"。

2 输入文字

单击【确定】按钮新建一个空白文档，选择【横排文字工具】，并设置文字的颜色为"C:100、M:98、Y:44、K:0"；其中【字母】大小为"60点"，【文字】的大小为"48点"；字体为"Rockwell Extra Bold"，在空白文档中输入文字"LuTong 路通"。

3 设置文字效果

选中文档中的文字，并单击鼠标右键，从弹出的快捷菜单中选择【仿斜体】命令，将文字设置为斜体效果。

4 打开素材文件

打开随书光盘中的"素材\ch14\汽车\笔触.psd"素材图片。

5 调整顺序

使用【移动工具】将笔触文件中的图像拖曳到"公司Logo"文件中，按【Ctrl+T】组合键自由变换调整笔触的位置、大小和图层顺序。

6 选择形状

选择【自定形状工具】，再在工具栏中单击【点击可打开"自定形状"拾色器】按钮，打开系统预设的形状，在其中选择需要的形状样式。

7 新建图层

在【图层】面板中单击【新建图层】按钮，新建一个图层，然后在该图层中绘制形状。

8 栅格化图层

在【图层】面板中选中【形状1】图层，并单击鼠标右键，从弹出的快捷菜单中选择【栅格化图层】命令，即可将该形状转换为图层。

9 合并图层

在【图层】面板中选中文字图层，按住【Ctrl】键单击【形状1】图层和【图层1】，然后单击鼠标右键，从弹出的快捷菜单中选择【合并图层】命令，合并图层。

10 删除背景

双击【背景】图层后面的锁图标，弹出【新建图层】对话框，单击【确定】按钮将背景图层转换成普通图层。然后使用【魔棒工具】选择白色背景，按【Delete】键删除背景。

第2步：制作公司导航栏

1 新建文件

单击【文件】▶【新建】菜单命令，打开【新建】对话框，在【名称】文本框中输入"网页导航栏"，将【高度】设置为"22.59厘米"，【宽度】设置为"2.26厘米"，【分辨率】设置为"72像素/英寸"。

2 设置渐变色

单击【确定】按钮，新建一个空白文档，在工具箱中单击【渐变工具】按钮，然后在工具选项栏中单击【渐变编辑器】按钮，打开【渐变编辑器】对话框，设置渐变的颜色。

3 填充文件

单击【网页导航栏】文件的上边缘，按住鼠标左键向下拖曳渐变填充文件。

4 设置字体

单击工具箱中的【横排文字工具】按钮，输入文字，并设置文字的颜色为"C:76、M:29、Y:0、K:0"，大小为"18点"，字体为"楷体_GB2312"。

5 设置图层样式

双击【网站首页】图层，打开【图层样式】对话框，单击选中【投影】复选框，在其中设置相关参数，单击【确定】按钮。

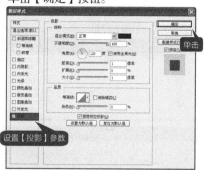

6 查看效果

此时，即可为文字添加投影效果。

7 设置其他文字

参照上述方式，输入网页导航栏中的其他文字信息，并同样设置投影效果，不同的是将其他文字设置为"黑色"。

8 绘制形状

在工具栏中单击【自定形状工具】按钮，再在工具选项栏中单击【点击可打开"自定形状"拾色器】按钮，选择预设的形状后在网页导航栏中绘制相关的形状，并设置形状的颜色为"C:85、M:50、Y:15、K:0"。

9 绘制其他形状

使用相同的方法在导航栏中的其他位置绘制形状。

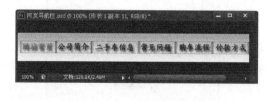

10 调整顺序

打开随书光盘中的"素材\ch14\汽车\水晶按钮.psd"素材图像，使用移动工具将该水晶按钮拖曳至导航栏中，并调整其位置和大小，以及图层的顺序，最终的效果如下。

第3步：制作企业介绍

1 新建文件

单击【文件】▶【新建】菜单命令，打开【新建】对话框，在【名称】文本框中输入"企业介绍"，将【高度】设置为"256像素"，【宽度】设置为"221像素"，【分辨率】设置为"72像素/英寸"。

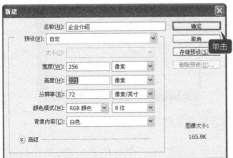

2 设置文字

单击【确定】按钮，新建一个空白文档。单击工具箱中的【横排文字工具】按钮，在文档中输入文字"企业介绍"，并设置文字的字体为"隶书"，字体大小为"18点"，显示方式为"仿斜体"。

3 设置图层样式

在【图层】面板中双击文字所在的图层，打开【图层样式】对话框，在其中单击选中【投影】复选框，并设置相关的参数。

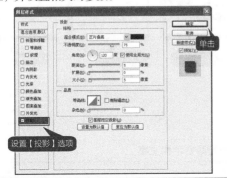

4 查看效果

单击【确定】按钮，查看为文字添加的投影效果。

5 绘制形状

在工具箱中单击【自定形状工具】按钮，再在工具选项栏中单击【点击可打开"自定形状"拾色器】按钮，打开系统预设的形状，在其中选择需要的形状样式，在文档中绘制一个形状。

6 打开素材

打开随书光盘中的"素材\ch14\汽车\办公大楼.jpg"素材图像。

7 组合文件

使用【移动工具】将办公大楼拖曳到"企业介绍.psd"文件中，按【Ctrl+T】组合键自由变换"办公大楼"至合适大小和位置。

8 输入信息

单击工具箱中的【横排文字工具】按钮，在"企业介绍.psd"文件中输入有关该企业的介绍性信息。

9 输入文字

再次使用【横排文字工具】在文件中输入"Read more"，并绘制"＞＞"图标。

10 制作其他文档

参照上述制作"企业介绍.psd"文档的方式，制作"精品展示.psd"、"购车常识.psd"、"汽车维护.psd"文档。

第4步 制作公司状态栏

1 新建文件

单击【文件】▶【新建】菜单命令，在【名称】文本框中输入"状态栏"，将【高度】设置为"1024像素"，【宽度】设置为"56像素"，【分辨率】设置为"72像素/英寸"，单击【确定】按钮，即可创建一个空白文档。

2 设置渐变色和文字

单击工具箱中的【渐变工具】按钮，然后在工具选项栏中单击【渐变编辑器】按钮，打开【渐变编辑器】对话框，设置渐变的颜色。单击"状态栏"文件的下边缘，按住鼠标左键向上拖动渐变填充文件。然后单击工具箱中的【横排文字工具】按钮，输入版权信息、地址、电话等相关文字信息，并设置文字的字体为"Adobe 黑体 Std"，大小为"14"，并设置斜体显示。

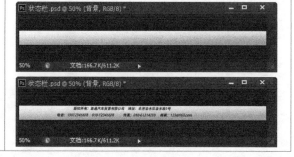

3 设置图层样式

双击【图层】面板中的文字图层，打开【图层样式】对话框，在其中勾选【投影】和【外发光】复选框，并分别设置相关的参数，单击【确定】按钮，应用图层样式。

4 完成状态栏设置

至此，企业网页的状态栏就设置完成了。

第5步 设计汽车网页

1. 新建文件并设置辅助线

1 新建文件

单击【文件】▶【新建】菜单命令，弹出【新建】对话框，设置【名称】为"汽车网页"、【宽度】为"1024像素"、【高度】为"1000像素"、【分辨率】为"72像素/英寸"、【颜色模式】为"RGB颜色"模式，单击【确定】按钮，创建一个"汽车网页"空白文档。

2 新建辅助线

选择【视图】▶【新建参考线】菜单命令，在【新建参考线】对话框中进行如图所示的设置。

3 设置横向辅助线

同理设置水平方向3.5厘米处的参考线。

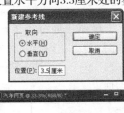

4 设置其他辅助线

同理设置其他水平方向和垂直方向处的参考线并显示标尺。

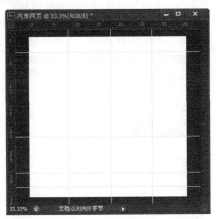

2. 使用素材

1 设置渐变色

单击工具箱中的【渐变工具】按钮，然后在工具选项栏中单击【渐变编辑器】按钮，打开【渐变编辑器】对话框，设置渐变的颜色。

2 填充文件

单击"汽车网页"文件的上边缘，按住鼠标左键向下拖动至3.5厘米处渐变填充文件。

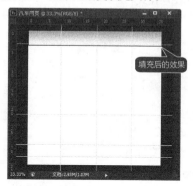

3 打开素材并调整顺序

打开随书光盘中的"素材\ch14\汽车\公司Logo.psd"、"素材\ch14\汽车\背景.jpg"、"素材\ch14\汽车\网页导航栏.jpg"素材图片。使用【移动工具】将素材拖曳到新建文档中，按【Ctrl+T】组合键自由变换调整位置和大小，并调整图层顺序。

4 设置其他素材

打开随书光盘中的"素材\ch14\汽车\精品展示.jpg"、"素材\ch14\汽车\企业介绍.jpg"、"素材\ch14\汽车\汽车维护.jpg"、"素材\ch14\汽车\购车常识.jpg"，使用【移动工具】将素材文字拖曳到新建文档中，按【Ctrl+T】组合键自由变换调整位置和大小并调整位置和顺序。

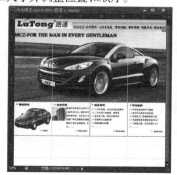

5 设置图层样式

在【图层】面板中双击"精品展示.jpg"所在的图层，打开【图层样式】对话框，单击选中【描边】复选框，设置描边的样式、大小等参数。

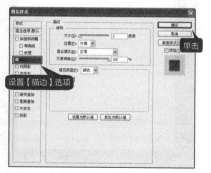

6 为其他图层添加样式

单击【确定】按钮，即可为【精品展示】图层添加描边效果。使用相同的方法为"企业介绍.jpg"、"汽车维护.jpg"、"购车常识.jpg"所在的图层添加相同的描边效果。

7	打开素材并设置

打开随书光盘中的"素材\ch14\汽车\汽车1.jpg、汽车2.jpg、汽车3.jpg、汽车4.jpg"图像，使用【移动工具】将素材拖曳到"汽车网页"文档中，按【Ctrl+T】组合键自由变换调整位置、大小和图层顺序。

8	打开素材并进行调整

打开随书光盘中的"素材\ch14\汽车\状态栏.jpg"图像，使用【移动工具】将素材拖曳到"汽车网页"文档中，按【Ctrl+T】组合键自由变换调整位置、大小和图层顺序。

添加状态栏图像后的效果

3. 添加横条素材

1	添加横条素材

打开随书光盘中的"素材\ch14\汽车\横条.jpg"图像，使用【移动工具】将素材拖曳到"汽车网页"文档中，按【Ctrl+T】组合键自由变换调整位置、大小和图层顺序。

2	完成设计

在【图层】面板中选中横条所在的图层，用鼠标将其拖曳至【新建图层】按钮上，复制一个横条图层，使用【移动工具】将复制的横条移动至"状态栏"上顶端，按【Ctrl+T】组合键自由变换调整位置、大小和图层顺序。至此，就完成了"汽车网页"的设计。

4. 保存"汽车网页"

1 选择存储为Web所用格式

打单击【文件】▶【存储为Web所用格式】菜单命令，弹出的【存储为Web所用格式】对话框，根据需要设置相关参数。

2 设置存储选项

单击【存储】按钮，弹出【将优化结果存储为】对话框，设置文件保存的位置，单击【格式】右侧的下拉按钮，从弹出的菜单中选择【HTML和图像】选项。

3 存储文件

单击【保存】按钮，即可将"汽车网页"以HTML和图像的格式保存起来。

4 查看效果

双击"汽车网页.html"文件，即可在IE浏览器中打开"汽车网页"。

工作经验小贴士

在设计网页时应根据网站类型来决定整体色调、画面布局以及字体类型。由于上述网页是一个汽车网页，因此，网页的基本色调确定为蓝色，其中文字也多用比较简单规整的字体样式。

14.2 实例2——房地产网页设计

 本节视频教学时间：27分钟

房地产网页的设计主要以精美的楼盘实景图片、人性化的设计来展示此房地产项目，使用Photoshop CS6可以轻松做到。

第1步 设置辅助线

1 打开素材	**2 建立竖向参考线**
打开随书光盘中的"素材\ch14\房产\背景.psd"素材图片，按【Ctrl+R】组合键添加标尺。 	选择【视图】▶【新建参考线】菜单命令，在【新建参考线】对话框中进行如图设置。 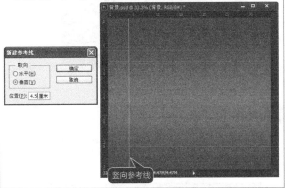
3 建立垂直参考线	**4 添加其他参考线**
同理设置水平方向6.5厘米处的垂直参考线。 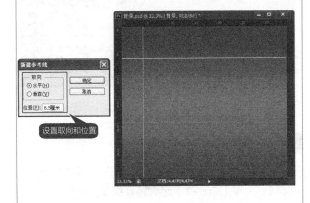	参照上述设置水平和垂直参考线的方法，添加其他参考线。 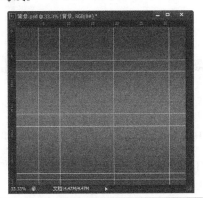

第2步：使用素材

1 打开素材背景1	**2 打开素材公司Logo素材**
打开随书光盘中的"素材\ch14\房产\背景1.psd"素材图片。 	打开随书光盘中的"素材\ch14\房产\公司Logo.psd"素材图片。 

3 移动素材

使用【移动工具】将素材拖曳到"背景.psd"文档中。按【Ctrl+T】组合键自由变换调整位置和大小，并调整图层顺序。

4 打开并调整素材

打开随书光盘中的"素材\ch14\房产\导航栏背景.psd"、"素材\ch14\房产\广告背景.psd"、"素材\ch14\房产\背景2.psd"素材图片，分别拖曳到"背景.psd"文档中。按【Ctrl+T】组合键自由变换调整位置和大小。

5 打开素材

打开随书光盘中的"素材\ch14\房产\上色块.psd"素材图片。

6 插入素材并设置不透明度

使用【移动工具】将素材拖曳到"背景.psd"文档中。按【Ctrl+T】组合键自由变换调整位置和大小，并设置【上色块】图层的【不透明度】为"50%"。

7 打开素材

打开随书光盘中的"素材\ch14\房产\下色块.psd"素材图片。

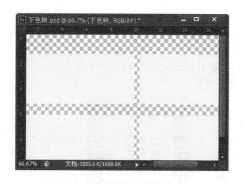

8 插入素材并设置不透明度

使用【移动工具】将素材拖曳到"背景"文档中。按【Ctrl+T】组合键自由变换调整位置和大小，并设置【下色块】图层的【不透明度】为"37%"。

9 打开素材	**10** 移动素材
打开随书光盘中的"素材\ch14\房产\公告栏.psd"、"素材\ch14\房产\左下框.psd"素材图片。 	使用【移动工具】将素材拖曳到"背景.psd"文档中，按【Ctrl+T】组合键自由变换调整位置和大小。 

第3步：制作导航栏

1 输入并设置文字	**2** 设置投影参数
在工具箱中单击【横排文字工具】按钮，在"背景.psd"文档中输入导航栏信息，字体设置为"隶书"，大小设置为"18点"，颜色设置为"C:71、M:67、Y:100、K:42"。 	在【图层】面板中双击导航栏文字所在的图层，打开【图层样式】对话框，在其中设置【投影】样式参数。 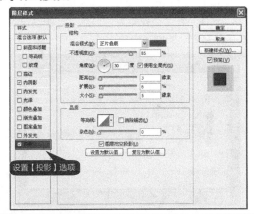
3 发光参数	**4** 查看应用效果
设置【内发光】样式参数。 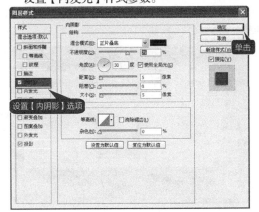	单击【确定】按钮，应用图层样式效果如下图所示。 

第4步：制作公告栏

1 输入并设置文字

在工具箱中单击【横排文字工具】按钮，在"背景.psd"文档中输入文字"汇成公告"，字体设置为"华文行楷"，大小设置为"18点"，颜色设置为"C:71、M:67、Y:100、K:42"。参照相同的方式输入"更多…"并设置文字的大小、字体和颜色。

2 打开设置素材并绘制形状

打开随书光盘中的"素材\ch14\房产\公司公告.psd"素材图片。使用【移动工具】将其拖曳到"背景.psd"文档中，按【Ctrl+T】组合键自由变换调整位置和大小。在工具箱中单击【自定形状工具】按钮，打开系统预设的形状，在其中选择需要的形状样式，在文档中绘制一个形状。

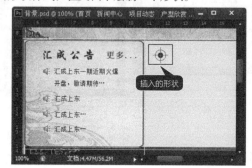

3 输入并设置文字

在工具栏上单击【横排文字工具】按钮，在"背景.psd"文档中输入文字"新闻快讯"，字体设置为"宋体"，大小设置为"14点"，颜色设置为"C:92、M:88、Y:88、K:79"。

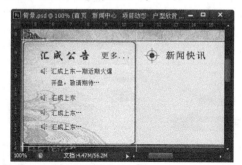

4 移动图层

在【图层】面板中选择"更多…"文字所在的图层，按住鼠标左键将该图层拖曳至【新建图层】按钮上，复制得到图层"更多…副本"，使用【移动工具】移动该图层至合适的位置。

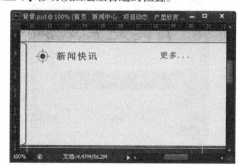

5 打开并设置素材

打开随书光盘中的"素材\ch14\房产\图03.psd"素材图片。使用【移动工具】将其拖曳到"背景.psd"文档中，按【Ctrl+T】组合键自由变换调整其位置和大小。

6 绘制直线

在工具箱中单击【直线工具】按钮，在文档中绘制一条直线。然后再复制4条直线，并调整它们的位置。

7 **输入文字**

在工具箱中单击【横排文字工具】按钮，在"背景.psd"文档中输入新闻快讯的相关文字，字体设置为"宋体"，大小设置为"10点"，颜色设置为"C:92、M:88、Y:88、K:79"。

8 **输入相关内容**

打开随书光盘中的"素材\ch14\房产\图02.psd"素材图片。使用【移动工具】将其拖曳到"背景.psd"文档中，按【Ctrl+T】组合键自由变换调整位置和大小。参照上述方法制作楼盘介绍的相关内容。

第5步：制作楼盘抢先看

1 **复制图层**

复制【形状1】和【新闻快讯】图层，并调整其位置，修改文字"新闻快讯"为"楼盘抢先看"。

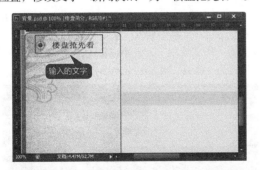

2 **打开并设置素材**

打开随书光盘中的"素材\ch14\房产\图01.psd"素材。使用【移动工具】将其拖曳到"背景.psd"文档中，按【Ctrl+T】组合键自由变换调整其位置和大小。

第6步：制作楼盘展示

1 **复制图层并打开素材**

复制【形状1】和【新闻快讯】图层，调整其位置，修改"新闻快讯"为"楼盘展示-汇成1期"。参照相同的方法，制作"楼盘展示-汇成2期"、"楼盘展示-汇成3期"、"楼盘展示-汇成4期"。

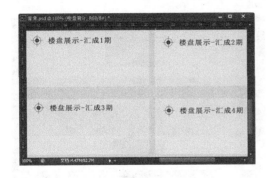

2 **设置素材并添加文字**

打开随书光盘中的"素材\ch14\房产\汇成1期.jpg"、"素材\ch14\房产\汇成2期.jpg"、"素材\ch14\房产\汇成3期.jpg"、"素材\ch14\房产\汇成4期.jpg"素材图片。使用【移动工具】将其拖曳到"背景.psd"文档中，按【Ctrl+T】组合键自由变换调整素材的位置和大小。在工具箱中单击【横排文字工具】按钮，在"背景.psd"文档中输入楼盘展示的相关文字，字体设置为"宋体"，大小设置为"10点"，颜色设置为"C:92、M:88、Y:88、K:79"。

第7步：制作广告语

1 设置文字样式

在工具箱中单击【横排文字工具】按钮，在"背景.psd"文档中输入文字"拥有汇成，投资生活美好前程！"，字体设置为"华文行楷"，大小设置为"18点"，颜色设置为"C:72、M:0、Y:100、K:0"，显示效果为"仿斜体"。

2 变形文字

选中"拥有汇成，投资生活美好前程！"文字信息，单击属性栏中的【变形文字】工具，打开【变形文字】对话框，单击【样式】后面的下拉按钮，从弹出的列表中选择【旗帜】，参数设置如下，单击【确定】按钮，即可将文字变形。

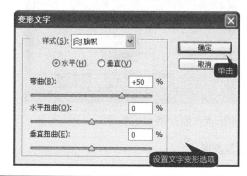

3 应用图层样式

双击"拥有汇成，投资生活美好前程！"文字所在图层，打开【图层样式】对话框，在其中设置【投影】样式的相关参数如下。单击【确定】按钮，即可应用图层样式。

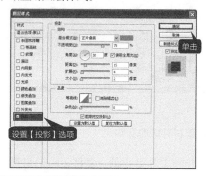

4 设置文字

在工具箱中单击【横排文字工具】按钮，在"背景.psd"文档中输入"汇成.上东"文字，字体设置为"华文琥珀"，大小设置为"32.25点"，颜色设置为"C:91、M:86、Y:87、K:77"。

5 设置图层样式

双击"汇成.上东"文字所在图层，打开【图层样式】对话框，在其中单击选中【内阴影】、【外发光】、【斜面和浮雕】复选框，根据实际需要设置相关参数。

6 应用样式

单击【确定】按钮应用图层样式的效果如下图所示。

7 设置字体

在工具箱中单击【横排文字工具】按钮，在"背景.psd"文档中输入"四期　　开盘，敬请期待"文字，字体设置为"华文琥珀"，大小设置为"22.84点"，颜色设置为"C:4、M:5、Y:4、K:0"，并"仿斜体"显示。

8 设置图层样式

双击"四期　　开盘，敬请期待"文字所在图层，打开【图层样式】对话框，在其中选择【投影】、【斜面和浮雕】选项，根据需要设置投影的相关参数，单击【确定】按钮。

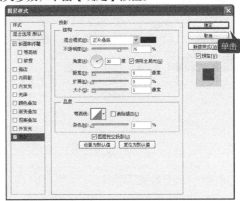

9 应用样式

应用图层样的效果如下图所示。

10 打开并设置素材

打开随书光盘中的"素材\ch14\房产\火爆.psd"图像。使用【移动工具】将其拖曳到"背景.psd"文档中，按【Ctrl+T】组合键自由变换调整位置和大小。

第8步：设置版权信息

1 输入并设置文字样式

在工具箱中单击【横排文字工具】按钮，在"背景.psd"文档中输入如下图所示的文字，字体设置为"宋体"，大小设置为"10点"，颜色设置为"C:92、M:88、Y:88、K:79"，并以"仿斜体"显示。

2 设置【投影】样式

双击版权信息所在图层，打开【图层样式】对话框，设置【投影】样式的相关参数如下。

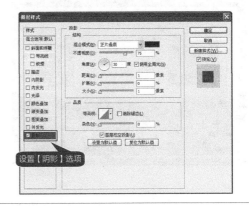

3 设置【内阴影】样式

设置【内阴影】样式的相关参数如下，然后单击【确定】按钮。

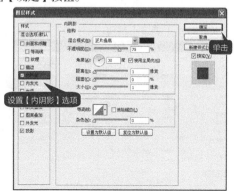

4 应用样式

应用图层样式的效果如下。

第9步：添加导航顶部条

1 设置素材大小和位置

打开随书光盘中的"素材\ch14\房产\导航顶部条.psd"图像文件。使用【移动工具】将其拖曳到"背景.psd"文档中，按【Ctrl+T】组合键自由变换调整位置和大小。

2 旋转图层

复制【导航顶部条】所在图层，按【Ctrl+T】组合键自由变换调整位置和大小。然后单击【编辑】▶【变换】▶【旋转180°】菜单命令。

3 输入"."

在工具箱中单击【直排文字工具】按钮，在"背景.psd"文件中输入多个"."。

4 清除参考线

至此，一个房地产网页就设计完成了，选择【视图】▶【清除参考线】菜单命令清除文件中的清除参考线，按【Ctrl+R】组合键取消显示标尺即可查看最终效果。

第10步：保存"房地产网页"

1 选择【存储为Web所用格式】

单击【文件】➤【存储为Web所用格式】菜单命令，弹出的【存储为Web所用格式】对话框，根据需要设置相关参数。

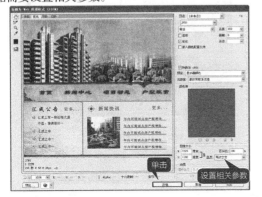

2 设置存储选项

单击【存储】按钮，弹出【将优化结果存储为】对话框，设置文件保存的位置，单击【格式】右侧的下拉按钮，从弹出的菜单中选择【HTML和图像】选项。

3 保存文件

单击【保存】按钮，即可将"房地产网页"以HTML和图像的格式保存起来。

4 查看效果

双击其中的"房地产网页.html"文件，即可在IE浏览器中打开房地产网页。

工作经验小贴士

房地产网页一般要给客户温暖的感觉，所以该网页的主色调采用了庄重大方的黄色，并配以温暖舒心的绿色和明黄色。同时，精美的楼盘图片往往是吸引人点击浏览的重要元素。

☕ 高手私房菜

技巧：对网页进行切片

在Photoshop中设计好的网页素材，一般还需要将其应用到Dreamweaver之中才能发布，为了符合网站的结构，就需要将设计好的网页进行切片，然后存储为Web和设备所用格式。对设计好的网页进行切片的操作步骤如下。

1 打开素材

单击【文件】➤【打开】菜单命令，打开随书光盘中的"结果\ch14\汽车网页.psd"图片。

2 选择要切割的图片

在工具箱中单击【切片工具】按钮 ，根据需要在网页中选择需要切割的图片。

3 选择存储的图像

单击【文件】➤【存储为Web所用格式】菜单命令，打开【存储为Web所用格式】对话框，在其中选中切片1中图像。

4 打开【将优化结果存储为】对话框

单击【存储】按钮打开【将优化结果存储为】对话框，单击【切片】后面的下三角按钮，从弹出的菜单中选择【选中的切片】选项。

5 保存图片

单击【保存】按钮，即可将切片1中的图像保存起来。

6 保存其他图片

采用保存切片1的方法，将其他切片图像也保存起来。

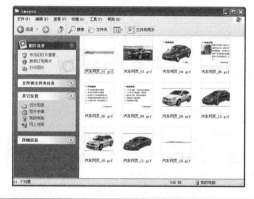

第 15 章

Photoshop CS6
在动画设计中的应用

 本章视频教学时间：43 分钟

使用Photoshop CS6可以设计简单的动画。本章实例包括会眨眼睛的老鼠、闪字效果、数字雨动画效果以及网站Logo的动画制作。

【学习目标】

通过本章的学习，读者可以理解如何制作简单的动画。

【本章涉及知识点】

制作会眨眼的老鼠

制作闪字效果

制作数字雨动画效果

网页常用动画设计

15.1 实例1——制作会眨眼的米老鼠

本节视频教学时间：14分钟

本实例介绍如何使用【动画】面板制作一个会眨眼睛的米老鼠小动画。

第1步：制作闭眼的老鼠

1 打开素材

打开随书光盘中的"素材\ch15\米老鼠.psd"素材图片。

2 在右眼的位置画出闭眼的形状

按【Ctrl+J】组合键复制图层，选择米老鼠眼睛周围的皮肤做前景色，使用【画笔工具】擦除右边的眼睛。选择耳朵的颜色做前景色，使用【画笔工具】在右眼的位置画出闭眼的形状。

第2步：制作动画

1 打开【时间轴】面板

选择【窗口】▶【时间轴】菜单命令，打开【时间轴】面板。

2 单击【创建视频时间轴】按钮

单击【创建视频时间轴】按钮。

3 选择【转换为帧动画】菜单命令

单击【时间轴】面板右上角的下三角按钮，在弹出的下拉列表中选择【转换帧】▶【转换为帧动画】菜单命令。

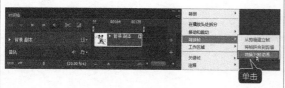

4 以帧动画的方式显示

这时，【时间轴】面板以帧动画的方式显示。

5 选择延迟的时间

在帧图标下方的【帧延迟时间】下拉列表中选择0.5秒。

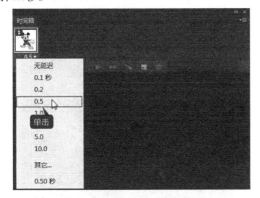

6 添加动画帧

单击【动画】面板中的【复制所选帧】 按钮，添加一个动画帧。

7 隐藏【背景 副本】图层

在【图层】面板中隐藏【背景 副本】图层，将【背景】图层显示出来。

8 添加一个动画帧

单击【播放动画】 按钮播放动画。再次单击可停止播放。

工作经验小贴士

画的闭眼睛效果的好坏直接影响眨眼睛的效果，另外，调整合适的帧延迟也会影响动画效果，具体延迟时间需要多试几个值才能使效果最佳。

15.2 实例2——制作闪字效果

本节视频教学时间：9分钟

本实例介绍如何使用【动画】面板制作一个霓虹灯闪字小动画。

第1步：制作闪烁字的字体

1 新建文档

单击【文件】▶【新建】菜单命令。在弹出的【新建】对话框中设置【名称】为"闪烁字"、【宽度】为"500像素"、【高度】为"400像素"，单击【确定】按钮。

2 输入文本

将背景色填充为黑色。选择【文字工具】，并在属性栏中将【字体】设置为"华文行楷"、【大小】为"60点"，在编辑视图中输入文本"龙腾虎跃"。

3 单击【描边】菜单命令

按住【Ctrl】键在【图层】面板中单击文字图层缩略图载入其选区，新建图层即得到【图层1】，选择【编辑】▶【描边】菜单命令。在弹出的对话框中将【宽度】设为"4像素"，【颜色】设为"红色"，然后单击【确定】按钮。

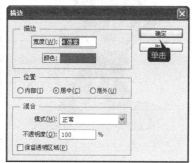

4 弹出【高斯模糊】对话框

删除文字图层。选择【图层1】，依次选择【滤镜】▶【模糊】▶【高斯模糊】菜单命令。弹出【高斯模糊】对话框，设置【半径】为"2像素"，然后单击【确定】按钮。

5 将路径转换成选区

新建图层即得【图层2】，调整【图层2】至【图层1】下面。设置背景为"黑色"，选择【圆角矩形工具】，在属性栏中设置【半径】为"10像素"，绘制一个圆角矩形。按【Ctrl+Enter】组合键将路径转换成选区。

6 单击【确定】按钮

新建图层，选择【编辑】▶【描边】菜单命令。在弹出的对话框中将【宽度】设为"3像素"，【颜色】设为"红色"，单击【确定】按钮。然后将【背景】层以外的所有图层进行合并。

7 设置【色相/饱和度】菜单命令

复制【图层1】并命名为【图层1 副本】，选择【图像】▶【调整】▶【色相/饱和度】菜单命令，在弹出的对话框中将【色相】设置为"100"，然后单击【确定】按钮。

8 查看效果

调整后的结果如下图所示。

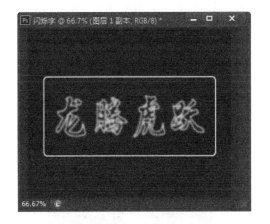

第2步：制作动画

1 单击【创建视频时间轴】按钮

选择【窗口】▶【时间轴】菜单命令，在【时间轴】面板中单击【创建视频时间轴】按钮，创建视频文件。

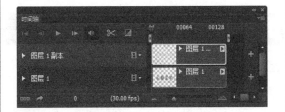

2 将面板设置为帧模式状态

单击【时间轴】面板右上角的下三角按钮，在弹出的菜单中选择【转换帧】▶【转换为帧动画】菜单命令，将面板设置为帧模式状态。

3 隐藏【图层1 副本】

在帧延迟时间的下拉列表中选择【0.5秒】，在【图层】面板中隐藏【图层1 副本】。

4 设置【不透明度】值为50%

单击【动画】面板中的【复制所选帧】按钮，添加一个动画帧,在【图层】面板中将【图层1】的【不透明度】设为"50%"。

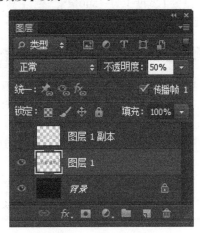

5 选择【复制所选帧】按钮

单击【动画】面板中的【复制所选帧】按钮，添加一个动画帧。在【图层】面板中隐藏【图层1】并显示【图层1 副本】图层，并将【图层1 副本】的【不透明度】设为"100%"。

6 播放动画

单击【播放动画】按钮，播放动画，再次单击可停止播放。

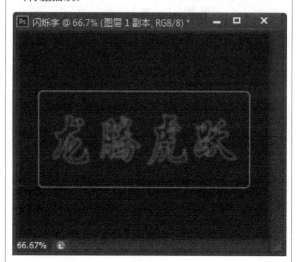

工作经验小贴士

本例制作时要求内容精炼，颜色效果可以自由来定，根据需要添加多个帧之后可以使闪字的内容更为丰富。

15.3 实例3——制作数字雨动画效果

本节视频教学时间：7分钟

本实例介绍如何使用【动画】面板制作一个数字雨的小动画。

第1步：制作数字字体

1 新建文件

单击【文件】▶【新建】菜单命令，弹出【新建】对话框，在【名称】文本框中输入"数字雨"，设置【宽度】为"500像素"，【高度】为"400像素"，单击【确定】按钮。

2 将背景色填充为黑色

将背景色填充为黑色。

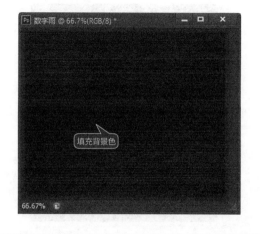

3 设置字体大小

选择【横排文字工具】，按住鼠标左键拖曳选择整个背景界面。并在属性栏中将【字体】设置为"隶书"，大小设为"30点"，然后在编辑视图中随意输入一段数字。

4 复制文字图层

按【Ctrl + J】组合键复制文字图层，选择第一个文字图层，按住【Ctrl】键将其向上拖曳，直至该图层中的最后一行数字在背景中间位置停止。

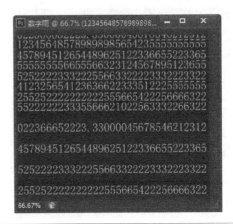

5 调整两个图层文字的间距

选择文字图层的副本，用同样的方法向下拖曳，直至图层中的第一行数字在编辑视图中中间位置停止。然后调整两个图层文字的间距，使之和文字的间距大致相等。

6 单击【链接图层】按钮

在【图层】面板中按住【Shift】键选择两个文字图层，单击【链接图层】按钮。

第2步：制作动画

1 单击【创建视频时间轴】按钮

选择【窗口】▶【时间轴】菜单命令，打开【时间轴】面板，单击【创建视频时间轴】按钮，创建视频文件。

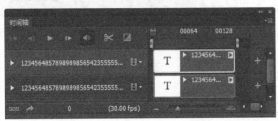

2 将面板设置为帧模式状态

单击【时间轴】面板右上角的下三角按钮，在弹出的菜单中选择【转换帧】▶【转换为帧动画】菜单命令，将面板设置为帧模式状态。

3 添加一个动画帧

单击【时间轴】面板中的【复制所选帧】按钮，添加一个动画帧，按住【Ctrl】键将图层向下拖曳，直到出现最上面一行数字为止。

4 单击【过渡动画帧】按钮

在【时间轴】面板中单击【过渡动画帧】按钮███。

5 选择帧延迟时间为【无延迟】

弹出【过渡】对话框，在【要添加的帧数】文本框中输入数字"5"，单击【确定】按钮。然后，在帧延迟时间的下拉列表中选择【无延迟】。

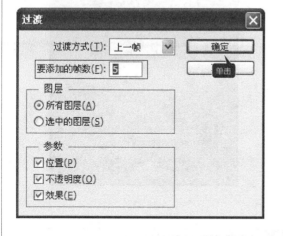

6 单击【删除所选帧】按钮

在【时间轴】面板中选择最后1帧，单击【删除所选帧】按钮。弹出警告对话框，单击【是】按钮。然后单击【播放动画】按钮，播放动画，再次单击可停止播放。

工作经验小贴士

在【过渡】对话框中设置添加的帧数时，读者需要根据实际情况进行设置，一般情况下，添加的帧数和数字行数保持一致，这样动画会比较流畅

15.4 实例4——网页常用动画设计

本节视频教学时间：13分钟

本实例主要介绍如何使用【快速蒙版】和【动画】等命令制作一个网站的Logo动画。

第1步：输入文字

1 新建文件

单击【文件】▶【新建】菜单命令，弹出的【新建】对话框，在【名称】文本框中输入"设计之家"，设置【宽度】为"600像素"，【高度】为"200像素"，单击【确定】按钮。

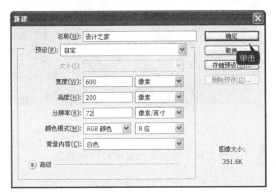

2 单击【渐变工具】按钮

单击【渐变工具】按钮，并设置渐变颜色为从"R:150、G:70、B:155"到"R:0、G:120、B:80"。

3 调整图片位置及大小

使用鼠标从左到右进行渐变填充。打开随书光盘中的"素材\ch15\设计之家.psd"素材图片，将其拖放到新建的文件中，适当调整位置及大小。

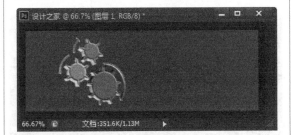

4 在图层中输入"设计之家"文本

选择【横排文字工具】，设置字体为"微软雅黑"，字号为"60点"，在图层中输入文本"设计之家"，效果如图所示。

5 设置图层的字体颜色为蓝色

按【Ctrl + J】组合键复制文字层，并设置【设计之家 副本】图层的字体颜色为蓝色"R:8，G:128，B:248"。

6 选择【设计之家】图层

选择【设计之家】图层，按【Ctrl+Alt】组合键键，按左方向键【←】四次，按下方向【↓】键1次，此过程中复制出了5个不同位置的文字图层。选择所有文字图层，按【Ctrl + E】组合键键合并所有文字图层。

第2步：制作遮罩效果

1 新建空白图层

在【设计之家 副本】图层上方新建一个空白图层，命名为"遮罩"。

2 绘制出矩形区域

使用【矩形选框工具】绘制出矩形区域，并调整为向右倾斜，再用白色填充。

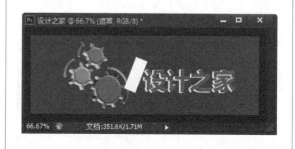

3 对【设置之家副本】图层实施剪切蒙版

选择【遮罩】图层，将鼠标指针移动至其与【设计之家 副本】图层之间，按住【Alt】键，待鼠标指针改变形状后，单击即可设置【遮罩】层对【设置之家 副本】图层实施剪切蒙版。

4 【设计之家】图层中的文字被白色遮住

多次复制【遮罩】图层，并移动其位置，直至【设计之家】图层中的文字完全被白色遮住。

第3步：制作动画

1 创建视频文件

选择【窗口】▶【时间轴】菜单命令，在【时间轴】面板中单击【创建视频时间轴】按钮，创建视频文件。

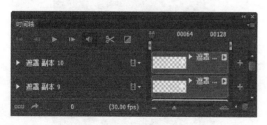

2 将面板设置为帧模式状态

单击【时间轴】面板右上角的下三角按钮，在弹出的菜单中选择【转换帧】▶【转换为帧动画】菜单命令，将面板设置为帧模式状态。

3 添加动画帧

在帧延迟时间的下拉列表中选择0.1秒，【图层】面板中共有11个用于遮罩的图层，选择第一帧动画，单击【时间轴】面板中的【复制所选帧】按钮添加动画帧，并重复10次。

4 在【图层】面板中隐藏其他帧

选中第一帧，在【图层】面板中隐藏【遮罩 副本】、【遮罩 副本2】……【遮罩 副本10】图层。

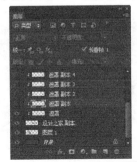

5 显示【遮罩 副本】图层

重复上一步操作，在第2帧中只显示【遮罩 副本】图层，直至第11帧中只显示【遮罩 副本 10】图层。

6 播放动画

单击【播放动画】按钮，播放动画，再次单击可停止播放。

7 单击【存储】按钮

选择【文件】▶【存储为Web所用格式】菜单命令，弹出【存储为Web所用格式】对话框，选择GIF格式，单击【存储】按钮。

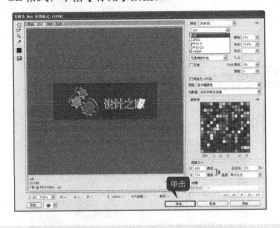

8 单击【保存】按钮

弹出【将优化结果存储为】对话框，选择存放文件夹，将文件命名为"设计之家Logo.gif"，单击【保存】按钮。

工作经验小贴士

本例制作时应注意背景颜色的合理使用，Logo字体的大小与颜色也要与网站的整体布局相结合，这样做出的Logo效果才是最好的。

举一反三

本章学习了Photoshop CS6 在动画设计中的应用，并列举了简单的动画案例。该功能常用来制作动图效果。网上常见的霓虹灯动画效果和会眨眼的美女等，都是使用该功能制作的。

高手私房菜

技巧：向Photoshop CS6中导入动画素材

使用Photoshop CS6不仅可以设计动画和视频，还可以将已经制作好的动画视频素材导入Photoshop中，来对它们进行编辑处理。

导入动画素材的操作步骤如下。

1 打开【打开】对话框		**2** 选中【仅限所选范围】单选项

单击【文件】▶【导入】▶【视频帧到图层】菜单命令，打开【打开】对话框，在随书光盘中选择"素材\ch15\我的旅游.wmv"。

单击【打开】按钮，打开【将视频导入图层】对话框。在【导入范围】选项区域中选中【仅限所选范围】单选项，单击【确定】按钮。

3 建立图层	**4** 完成导入

弹出【进程】对话框，提示用户正在建立图层。

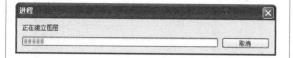

图层建立完成后，即可将"我的旅游.wmv"文件导入Photoshop CS6中。

第16章

使用 Photoshop
命令与动作自动处理图像

 本章视频教学时间：52分钟

在Photoshop中，可以将各种功能录制为动作，以便重复使用。另外，Photoshop还提供了各种自动处理的命令，令你的工作不再重复。

【学习目标】

通过本章的学习，读者可以掌握使用 Photoshop 命令与动作自动处理图像的方法。

【本章涉及知识点】

掌握使用动作快速应用效果的方法

掌握使用自动化命令处理图像的方法

掌握自动校正数码照片的方法

掌握批量转换图像颜色模式和大小的方法

16.1 实例1——使用动作快速应用效果

本节视频教学时间：26分钟

动作是指在单个文件或一批文件中执行的一系列任务，如菜单命令、面板选项、工具动作等。例如，可以创建这样一个动作，首先更改图像大小，对图像应用效果，然后按照所需格式存储文件，这样就加快了图像处理的速度，可以快速应用效果。

16.1.1 认识【动作】面板

Photoshop CS6中的大多数命令和工具操作都可以记录在【动作】面板中，动作可以包含停止，可以执行无法记录的任务，例如使用绘画工作。动作也可以包含模态控制，可以在执行动作时在对话框中输入参数，增加动作的灵活性。

在Photoshop CS6窗口中选择【窗口】▶【动作】菜单命令或按【Alt+F9】组合键，可以显示或隐藏【动作】面板。使用【动作】面板可以记录、播放、编辑和删除个别动作，还可以存储和载入动作文件，下面来认识一下【动作】面板。

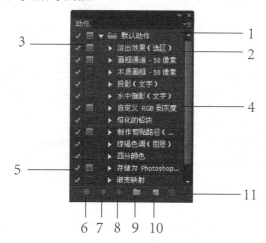

1. 动作组

默认动作是系统预定义的工作，用户也可义创建动作组。

2. 动作

系统预定义的工作，包括多个，如淡出效果、木质画框等。

3. 模态控制

模态控制的开关，通过单击这一按钮，可以设置模态控制的开和关。

4. 动作命令

在一个预定义动作中，包括已记录的多个动作命令。

5. 包含的命令

单击该按钮可以却换项目的开和关。

6.【停止播放/记录】按钮

单击该按钮，可以停止播放或记录动作。

7.【开始记录】按钮

单击该按钮，可以记录动作。

8.【播放选定的动作】按钮

单击该按钮，可以播放选定的动作。

9.【创建新组】按钮

单击该按钮，可以创建一个新动作组。

10.【创建新动作】按钮

单击该按钮，可以创建一个新的动作。

11.【删除】按钮

选中需要删除的动作后单击【删除】按钮，可以将动作删除。

另外，单击【动作】面板右上角的小三角形，弹出【动作】快捷菜单。用户可以在其中单击相应的菜单命令对动作进行操作，如新建动作、新建组、复制、删除等。

16.1.2 应用预设动作

Photoshop CS6附带了许多预定义的动作，可以按原样使用这些预定义的动作，包括淡出效果、画框通道、木质画框、投影、水中倒影、自定义RGB到灰度、溶化的铅块、制作粘贴路径、棕褐色调、四分颜色、存储为Photoshop PDF及渐变映射。

1. 淡出效果

1 打开素材	**2** 创建矩形选框
打开随书光盘中的"素材 \ ch16 \ 一枝独秀.jpg"材图片。	选择工具箱中的【矩形选框工具】，在图像中拖曳创建一个矩形选框。

3 选中【淡出效果（选区）】选项	**4** 设置羽化半径并查看效果
打开【动作】面板，在【默认动作】组中选中【淡出效果（选区）】选项。	单击【动作】面板中的【播放选定的动作】按钮，弹出【羽化选区】对话框，在【羽化半径】文本框中输入羽化的半径，这里输入"5"，单击【确定】按钮，即可应用【淡出效果】动作。

2. 画框通道

1 打开素材

打开随书光盘中的"素材\ch16\天堂之路.jpg"文件。

2 选中【画框通道】选项

打开【动作】面板，在【默认动作】组中选中【画框通道】选项。

3 弹出【信息】对话框

单击【动作】面板中的【播放选定的动作】按钮，弹出【信息】对话框，提示用户要想应用【画框通道】动作，图像的高度和宽度均不能小于100像素。

4 查看效果

单击【继续】按钮，即可应用【画框通道】动作。

3. 木质画框

1 打开素材

打开随书光盘中的"素材\ch16\好好学习.jpg"文件。

2 选中【木质画框】选项

打开【动作】面板，在【默认动作】组中选中【木质画框】选项。

3 弹出【信息】对话框

单击【动作】面板中的【播放选定的动作】按钮，弹出【信息】对话框，提示用户要想应用【木质画框】动作，图像的高度和宽度均不能小于100像素。

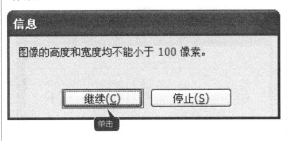

4 查看效果

单击【继续】按钮，即可应用【木质画框】动作。

4. 投影（文字）

1 新建空白文档

选择【文件】▶【新建】菜单命令，弹出【新建】对话框，设置【名称】为"投影（文字）"，【宽度】为"500像素"，【高度】为"200像素"，【分辨率】为"72像素/英寸"，【颜色模式】为"RGB颜色"模式，单击【确定】按钮，创建一个空白文档。

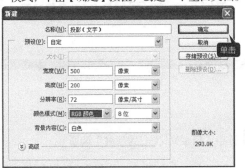

2 输入文字并设置字体样式

选择工具箱中的【横排文字工具】，在空白文档中输入文字"Photoshop CS6"，并设置字体、字号与颜色。

3 选中【投影（文字）】选项

打开【动作】面板，在【默认动作】组中选中【投影（文字）】选项。

4 查看效果

单击【动作】面板中的【播放选定的动作】按钮，即可应用【投影（文字）】动作。

5. 水中倒影（文字）

1 新建空白文档

选择【文件】▶【新建】菜单命令，弹出【新建】对话框，设置【名称】为"水中倒影（文字）"，【宽度】为"500像素"，【高度】为"200像素"，【分辨率】为"72像素/英寸"，【颜色模式】为"RGB颜色"模式。

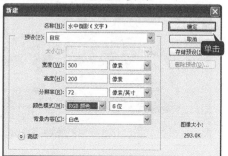

2 输入文字并设置字体样式

单击【确定】按钮，创建一个空白文档，在其中输入文字"跟我一起学Photoshop"，并设置字体、字号与颜色。

3 选中【水中倒影（文字）】选项

打开【动作】面板，在【默认动作】组中选中【水中倒影（文字）】选项。

4 查看效果

单击【动作】面板中的【播放选定的动作】按钮，即可应用【水中倒影（文字）】动作。

6. 自定义RGB到灰度

1 打开素材

选择【文件】▶【打开】菜单命令，打开随书光盘中的"素材\ch16\可爱女生.jpg"文件。

2 选中【自定义RGB到灰度】选项

打开【动作】面板，在【默认动作】组中选中【自定义RGB到灰度】选项。

3 打开【通道混合器】对话框	4 查看效果
单击【动作】面板中的【播放选定的动作】按钮，弹出【通道混合器】对话框，在其中进行参数设置。	单击【确定】按钮，即可应用【自定义RGB到灰度】动作。

7. 溶化的铅块

1 选中【溶化的铅块】选项	2 查看效果
打开随书光盘中的 "素材\ch16\含包待放.jpg" 文件，打开【动作】面板，在【默认动作】组中选中【溶化的铅块】选项。	单击【动作】面板中的【播放选定的动作】按钮，即可应用【溶化的铅块】动作。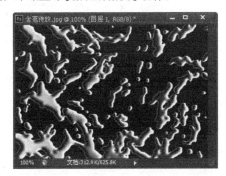

8. 制作剪贴路径（选区）

1 打开素材文件	2 创建矩形选框
打开随书光盘中的 "素材\ch16\金发美女.jpg" 文件。	选择工具箱中的【矩形选框工作】，在图像中拖曳创建一个矩形选框。

3 选中【制作剪贴路径（选区）】选项

　　打开【动作】面板，在【默认动作】组中选中【制作剪贴路径（选区）】选项。

4 存储路径

　　单击【动作】面板中的【播放选定的动作】按钮，弹出【存储路径】对话框，在【名称】文本框中输入路径的名称"路径1"。

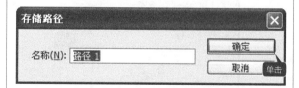

5 剪贴路径

　　单击【确定】按钮，打开【剪贴路径】对话框，在【展平度】文本框输入剪贴途径的像素。

6 查看效果

　　单击【确定】按钮，即可应用【制作剪贴路径（选区）】动作。

9. 棕褐色调（图层）

1 打开素材文件

　　打开随书光盘中的"素材\ch16\花开斗艳.jpg"文件，打开【动作】面板，在【默认动作】组中选中【棕褐色调（图层）】选项。

2 查看效果

　　单击【动作】面板中的【播放选定的动作】按钮，应用【棕褐色调（图层）】动作。

10. 四分颜色

1 打开素材文件

打开随书光盘中的"素材\ch16\怒放之花.jpg"文件,打开【动作】面板,在【默认动作】组中选中【四分颜色】选项。

2 查看效果

单击【动作】面板中的【播放选定的动作】按钮,应用【四分颜色】动作。

11. 存储为Photoshop PDF

1 选中【存储为Photoshop PDF】选项

打开随书光盘中的"素材\ch16\秀色可餐.jpg"文件,打开【动作】面板,在【默认动作】组中选中【存储为Photoshop PDF】选项。

2 打开【存储为】对话框

单击【动作】面板中的【播放选定的动作】按钮,打开【存储为】对话框,在【保存在】下拉列表中选择文件保存的位置,在【文件名】文本框中输入保存的文件名。

3 弹出提示框

单击【保存】按钮,弹出信息提示框。

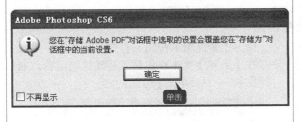

4 设置参数

单击【确定】按钮,打开【存储为Adobe PDF】对话框,在其中进行参数设置,单击【存储PDF】按钮。

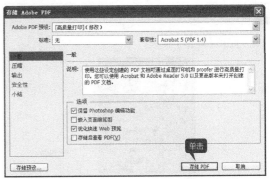

| 5 | 打开【存储 Adobe PDF】对话框 | 6 | 完成存储 |

打开【存储 Adobe PDF】对话框，询问用户是否继续。

单击【是】按钮，即可将打开的图像存储为 Photoshop PDF 格式的文件。

12. 渐变映射

| 1 | 打开素材文件 | 2 | 查看效果 |

打开随书光盘中的"素材\ch16\盒子里的鲜花.jpg"文件，打开【动作】面板，在【默认动作】组中选中【渐变映射】选项。

单击【动作】面板中的【播放选定的动作】按钮，即可应用【渐变映射】动作。

16.1.3 创建动作

Photoshop CS6除了附带许多预定义功能外，还可以根据自己的需要来定义动作，或创建动作。创建动作的具体操作步骤如下。

第1步：创建动作组与动作

| 1 | 打开【动作】面板 | 2 | 新建组 |

打开【动作】面板。

单击【新建组】按钮，打开【新建组】对话框，在【名称】文本框中输入新建组的名称，如"特效字"，然后单击【确定】按钮。

3　打开【新建动作】对话框

选中新建的动作组，单击【创建新动作】按钮，打开【新建动作】对话框，在【名称】文本框中输入创建的新动作名称，如"水晶字"。

4　开始记录动作

单击【记录】按钮，即可开始记录动作。

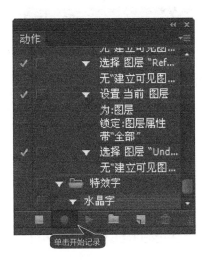

第2步：制作动作内容

1　新建文件

单击【文件】▶【新建】菜单命令，弹出【新建】对话框，设置【名称】为"水晶文字"，【宽度】为"500像素"，【高度】为"500像素"，【分辨率】为"72像素/英寸"，【颜色模式】为"RGB颜色"模式。

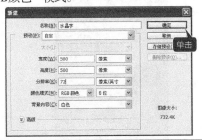

2　输入文字

单击【确定】按钮，新建一个空白文档。选择【文字工具】，在【字符】面板中设置各项参数，颜色设置为蓝色，然后在文档中输入"水晶"。

3　添加描边颜色

单击【图层】面板下方的【添加图层样式】按钮，为图案添加【描边】效果，设置其参数，其中描边颜色值为绿色"R: 26、G: 153、B: 38"。

4　设置图层样式

单击【添加图层样式】按钮，在弹出的菜单中选择【投影】菜单命令。弹出【图层样式】对话框，单击【等高线】右侧的下拉按钮，在弹出的菜单中选择第2行第3个预设选项，然后单击【确定】按钮。

5 查看效果

至此，水晶字制作完毕，效果如下图所示。

6 完成动作创建

这样制作水晶字的全部过程都记录了在【动作】面板中的【水晶字】动作之中，单击【停止播放/记录】按钮，即可停止录制，然后删除部分不能通用的操作。这样，一个新的动作就创建完成了。

16.1.4 编辑自定义动作

在Photoshop CS6中可以轻松编辑和自定义动作，即可以调整动作中任何特定命令的设置，向现有动作添加命令或遍历整个动作并更改任何或全部设置，具体的操作步骤如下。

第1步：覆盖单个命令

1 打开素材文件

打开随书光盘中的"素材\ch16\水晶字.psd"文件。

2 选择【水晶字】动作

在【动作】面板中双击需要覆盖的命令，例如这里选择新创建的【水晶字】动作。

3 设置图层样式

随即打开【图层样式】对话框，在其中根据需要设置新的参数。

4 完成覆盖

输入新值后单击【确定】按钮即可覆盖当前选定的动作，显示效果如下图所示。

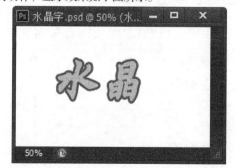

第2步：向动作添加命令

1 选择动作

打开【动作】面板，在其中选择动作的名称或动作中的命令。

2 开始记录

单击【动作】面板中的【开始记录】按钮，或从【动作】面板菜单中选择【开始记录】菜单命令。

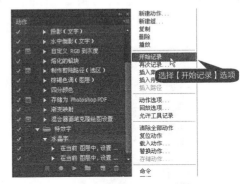

3 选择【快速选择】工具

这样就可以把操作记录为其他命令。如这里选择【快速选择工具】，单击文档中的图像，这样快速选择这一操作就记录在动作之中了。

4 停止录制

完成后，单击【动作】面板中的【停止播放/记录】按钮或从面板菜单中选择【停止记录】菜单命名，即可停止录制。

第3步：重新排列动作中的命令

在【动作】面板中，将命令拖曳到同一动作中或另一动作中的新位置，当突出显示行出现在所需的位置时释放鼠标，即可重新排列动作中的命令。

第4步：再次录制

对于已经录制完成的动作，想要对其进行再次录制，可以按照如下操作步骤进行。

1 选择【再次录制】菜单命令

打开【动作】面板，在其中选中需要再次录制的动作，然后单击【动作】面板右上角下三角按钮，从弹出的菜单中选择【再次录制】菜单命名，即可进行再次录制。

2 完成再次录制

如果出现对话框，在其中更改设置，然后单击【确定】来记录值，或单击【取消】保留相同值。如这里重新对【投影（文字）】动作进行再次录制，即可打开【新建快照】对话框。

16.1.5 运动动作

在创建好一个动作并对动作进行编辑完成后，下面就参照应用预设动作的方法运行创建的新动作，如下图所示就是应用新创建动作的图像效果。

16.1.6 存储与载入动作

在创建好一个新的动作之后，还可以将新创建的动作存储起来；另外，对于已经存储好的动作，还可以将其载入到【动作】面板中。具体的操作步骤如下。

第1步：存储动作

1 选择【存储动作】菜单命令

打开【动作】面板，在其中选择需要存储的动作组，单击右上角的下三角按钮，在弹出的菜单中选择【存储动作】菜单命令。

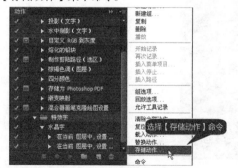

2 完成保存

打开【存储】对话框，在【保存在】下拉列表中选择保存的位置，在【文件名】文本框中输入动作的名称，在【格式】下拉列表中选择存储的格式，单击【保存】按钮即可完成存储。

第2步: 载入动作

1	选择【载入动作】命令	2	完成载入

打开【动作】面板, 在其中选择需要存储的动作组, 单击右上角的下三角按钮, 在弹出的下拉列表中选择【载入动作】菜单命令。

打开【载入】对话框, 在其中选择需要载入的动作, 单击【载入】按钮, 即可将选中的动作组载入【动作】面板中。

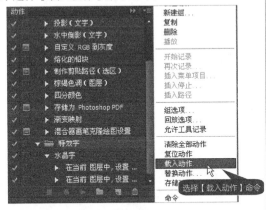

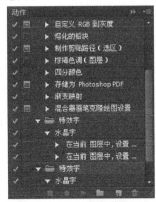

16.2 实例2——使用自动化命令处理图像

本节视频教学时间: 22分钟

使用Photoshop CS6的自动化命令可以对图像进行批处理、快速修剪并修齐照片、合并HDR、镜头校正等。

16.2.1 批处理

"批处理"命令可以对一个文件夹中的多个文件运行动作, 对该文件夹中所有图像文件进行编辑处理, 从而实现操作自动化, 显然, 执行【批处理】命令将依赖于某个具体的动作。

在Photoshop CS6窗口中选择【文件】▶【自动】▶【批处理】菜单命名, 即可打开【批处理】对话框, 其中有4个参数区, 用来定义批处理的具体方案。

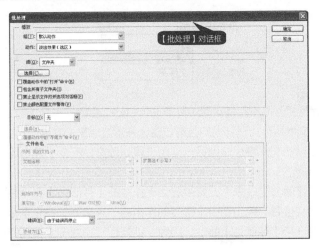

1. 【播放】选项区域

(1)【组】：单击【组】下拉按钮，弹出的下拉列表中会显示当前【动作】面板中所载入的全部动作序列，用户可以自行选择。

(2)【动作】：单击【动作】下拉按钮，弹出的下拉列表中会显示当前选定的动作序列中的全部动作，用户可以自行选择。

2. 【源】选项区域

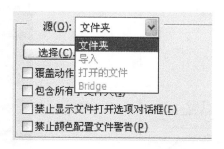

(1)【文件夹】：用户对已存储在计算机中的文件播放动作，单击【选择】按钮可以查找并选择文件夹，待处理的图像源于该文件夹。

(2)【导入】：用于对来自数码相机或扫描仪的图像进行导入和播放动作。

(3)【打开的文件】：用于对所有已打开的文件播放动作。

(4)【Bridge】：用于对在Photoshop CS6文件浏览器中选定的文件播放动作。

(5)【覆盖动作中的"打开"命令】：如果想让动作中的【打开】命令引用批处理文件，而不是动作中指定的文件名，则单击选中【覆盖动作中的"打开"命令】复选框。如果单击选中此选项，则动作必须包含一个【打开】命令，因为【批处理】命令不会自动打开源文件；如果记录的动作是在打开的文件上操作的，或者动作包含它所需要的特定文件的【打开】命令，则撤消选中【覆盖动作中的"打开"命令】复选框。

(6)【包含所有子文件夹】：单击选中【包含所有子文件夹】复选框，则处理文件夹中的所有文件，否则仅处理指定文件夹中的文件。

(7)【禁止颜色配置文件警告】：单击选中该复选框，则关闭颜色方案信息的显示。

3. 【目标】选项区域

(1)【无】：文件将保持打开而不存储更改（除非动作包括"存储"命令）。

(2)【存储并关闭】：文件将存储在它们的当前位置，并覆盖原来的文件。

(3)【文件夹】：处理过的文件将存储到另一指定位置，源文件不变，单击【选择】按钮，可以指定目标文件夹。

(4)【覆盖动作中的"存储为"命令】：如果想让动作中的【存储为】命令引用批处理的文件，而不是动作中指定的文件名和位置，单击选中【覆盖动作中的"存储为"命令】复选框。如果单击选中此选项，则动作必须包含一个【存储为】命令，因为"批处理"命令不会自动存储源文件；如果动作包含它所需的特定文件的"存储为"命令，则撤消选中【覆盖动作中的"存储为"】复选框。

4.【文件命名】选项区域

如果选择【文件夹】作为目标，则指定文件命名规范并选择处理文件的文件兼容性选项。

对于【文件命名】，从下拉列表中选择元素，或在要组合为所有文件的默认名称的栏中输入文字，这些栏可以更改文件名各部分的顺序和格式。因为子文件夹中的文件有可能重名，所以每个文件必须至少一个唯一的栏不同，以防文件相互覆盖。

对于【兼容性】，则单击选中【Windows】复选框。

5.【错误】列表

(1)【由于错误而停止】：出错将停止处理，直到确认错误信息为止。

(2)【将错误记录到文件】：将所有错误记录在一个指定的文本文件中而不停止处理。如果有错误记录到文件中，则在处理完毕后将出现一条信息。若要使用错误文件，需要单击【存储为】按钮，并重命名错误文件名。

下面以给多张图片添加木质相框为例，具体介绍如何使用【批处理】命令对图像进行批量处理。

---

1 选择【木质画框】选项

打开【批处理】对话框，在其中单击【动作】下拉按钮，从弹出的下拉列表中选择【木质画框】选项，单击【源】选项区域中的【选择】按钮。

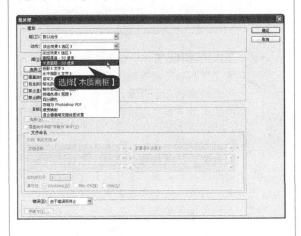

2 选择文件夹

打开【浏览文件夹】对话框，选择需要批处理的文件夹。

3 选择【文件夹】选项

单击【确定】按钮，返回【批处理】对话框，单击【目标】下拉按钮，在弹出的下拉列表中选择【文件夹】选项。

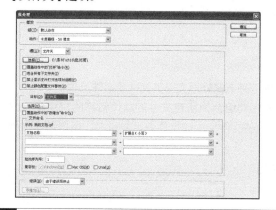

4 选择批处理后的图像所保存的位置

单击【选择】按钮，打开【浏览文件夹】对话框，在其中选择批处理后的图像所保存的位置后单击【确定】按钮，返回【批处理】对话框。

5 弹出信息提示框

单击【确定】按钮，在对图像应用【木质相框】动作的过程中会弹出【信息】提示框。

6 设置存储格式

单击【继续】按钮，在对第一张图像添加好木质相框后，弹出【存储为】对话框，在其中输入文件名并设置文件的存储格式。

7 查看存储的文件

单击【保存】按钮，在对所有的图像批处理完毕后，打开存储批处理后图像保存的位置，即可在该文件夹中查看处理后的图像。

工作经验小贴士

为了提高批处理性能，应减少所存储的历史记录状态的数量，可在【历史记录选项】对话框中撤消选中【自动创建第一幅快照】复选框。另外，要想使用多个动作进行批处理，需要先创建一个播放所有其他动作的新动作，然后使用新动作进行批处理。要想批处理多个文件夹，需要在一个文件夹中创建要处理的其他文件夹的别名，然后单击选中【包含所有子文件夹】复选框。

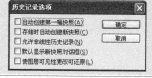

16.2.2 创建快捷批处理

在Photoshop中，动作是快捷批处理的基础，而快捷批处理是一些小的应用程序，可以自动处理拖动到其图标上的所有文件。

1 打开【创建快捷批处理】对话框

选择【文件】▶【自动】▶【创建快捷批处理】菜单命令，打开【批处理】对话框，其中有4个参数区，用来定义批处理时的具体方案。

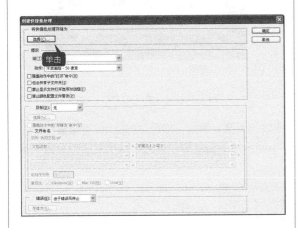

2 打开【存储】对话框

单击【选择】按钮，打开【存储】对话框，在【保存在】下拉列表中选择创建的快捷批处理保存的位置，在【文件名】文本框中输入文件名称，单击【保存】按钮。

3 返回【创建快捷批处理】对话框

返回【创建快捷批处理】对话框，在其中可以看到设置的文件保存路径。

4 查看创建的快捷批处理文件

单击【确定】按钮，完成创建快捷批处理的操作。打开文件保存的位置，即可在该文件中看到创建的快捷批处理文件。

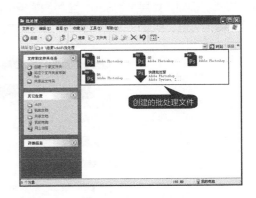

16.2.3 裁剪并修齐照片

使用【裁剪并修齐照片】命令可以轻松地将图像从背景中提取为单独的图像文件，并自动将图像修剪整齐。

使用【裁剪并修齐照片】命令裁剪并修齐倾斜照片的具体操作步骤如下。

1 打开素材文件	**2** 修正图片
选择【文件】▶【打开】菜单命令，打开随书光盘中的"素材\ch16\裁剪并修齐照片.jpg"文件。 	选择【文件】▶【自动】▶【裁剪并修齐照片】菜单命令，将倾斜的照片修正。 

16.2.4 Photomerge

　　使用Photomerge命令可将多幅照片组合成一个连续的图像。例如，你可以拍摄5张有重叠部分的城市地平线照片，然后将它们合并到一张全景图中。Photomerge命令能够汇集水平平铺和垂直平铺的照片。

　　在Photoshop CS6窗口中选择【文件】▶【自动】▶【Photomerge】菜单命令，打开【Photomerge】对话框。然后选取源文件并指定版面和混合选项。所选的选项取决于用户拍摄全景图的方式。例如，如果是为360°全景图拍摄的图像，则推荐使用【球面】版面选项，该选项会缝合图像并变换它们，就像这些图像是映射到球体内部一样，从而模拟观看360°全景图的感受。

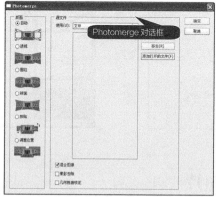

　　【Photomerge】对话框中主要参数的含义如下所述。

　　(1)【自动】：Photoshop分析源图像并应用【透视】、【圆柱】或【球面】版面，具体取决于哪一种版面能够生成更好的Photomerge效果。

　　(2)【透视】：通过将源图像中的一个图像（默认情况下为中间的图像）指定为参考图像来创建一致的复合图像。然后将变换其他图像（必要时进行位置调整、伸展或斜切），以便匹配图层的重叠内容。

(3)【圆柱】：通过在展开的圆柱上显示各个图像来减少在【透视】版面中会出现的【领结】扭曲。文件的重叠内容仍匹配，将参考图像居中放置。最适合于创建宽全景图。

(4)【球面】：对齐并转换图像，使其映射球体内部。如果你拍摄了一组环绕360°的图像，使用此选项可创建360°全景图。也可以将【球面】与其他文件集搭配使用，产生完美的全景效果。

(5)【拼贴】：对齐图层并匹配重叠内容，同时变换（旋转或缩放）任何源图层。

(6)【调整位置】：对齐图层并匹配重叠内容，但不会变换（伸展或斜切）任何源图层。

(7)【混合图像】：找出图像间的最佳边界，并根据这些边界创建接缝，以使图像的颜色相匹配。撤消选中【混合图像】复选框时，将执行简单的矩形混合，如果要手动修饰混合蒙版，此操作将更为可取。

(8)【晕影去除】：在由于镜头瑕疵或镜头遮光处理不当而导致边缘较暗的图像中去除晕影并执行曝光度补偿。

(9)【几何扭曲校正】：补偿桶形、枕形或鱼眼失真。

(10)【文件】：使用个别文件生成Photomerge合成图像。

(11)【文件夹】：使用存储在一个文件夹中的所有图像来创建Photomerge合成图像。

使用【Photomerge】命令拼合照片的具体操作步骤如下。

1　打开【Photomerge】对话框

选择【文件】▶【自动】▶【Photomerge】菜单命名，打开【Photomerge】对话框，单击【源文件】设置区域中的【使用】下拉按钮，在弹出的下拉列表中选择【文件夹】选项。

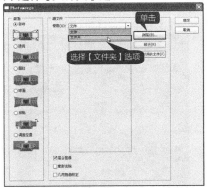

2　选择文件夹

单击【浏览】按钮，打开【选择文件夹】对话框，在其中选择需要拼合的图片所存放的文件夹。

3　添加图片

单击【确定】按钮，即可将该文件夹的图片添加到【Photomerge】对话框中。

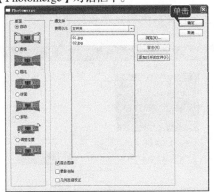

4　合成图片

单击【确定】按钮，即可将这两张风景图拼合成一个全景图。

16.2.5 合并到HDR Pro

使用【合并到HDR Pro】命令，可以创建写实的或超现实的HDR图像，借助自动消除叠影以及对色调映射，可更好地调整和控制图像，以获得更好的效果，甚至可使单次曝光的照片获得HDR图像的外观。

使用【合并到HDR Pro】命令调整图像的操作步骤如下。

1 弹出【合并到HDR Pro】对话框

单击【文件】▶【自动】▶【合并到HDR Pro】菜单命令，弹出【合并到HDR Pro】对话框。

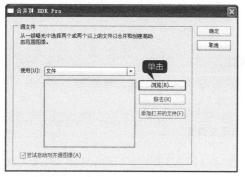

2 选择需要合并的图像

单击【浏览】按钮，弹出【打开】对话框，在其中选择需要合并的图像。

3 载入文件

单击【确定】按钮，返回【合并到HDR Pro】对话框，将选择的图像文件载入，确认【尝试自动对齐源图像】复选框为选中状态。

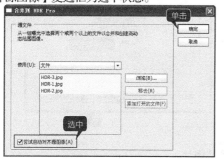

4 对齐图层

单击【确定】按钮，将选择的图像分为不同的图层载入一个文档中，并自动对齐图层。

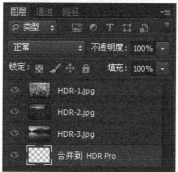

5 弹出【手动设置曝光值】对话框

Photoshop CS6 将自动弹出【手动设置曝光值】对话框。

6 设置【EV】值

在对话框中单击 ⟩ 按钮查看图像，单击选中【EV】单选按钮，并在后面的文本框中输入"11.1"。

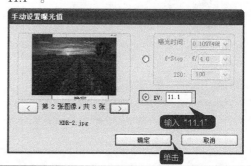

7 打开【合并到 HDR Pro】对话框

单击【确定】按钮，打开【合并到 HDR Pro】对话框，在对话框中单击选中【移去重影】复选框，并设置对话框中的其他设置，以合成高质量的图像效果。

8 完成图像合成

设置完毕后单击【确定】按钮，关闭对话框，即可完成图像的合成。

16.2.6 镜头校正

利用【镜头校正】命令，可修复常见的镜头瑕疵，如桶形失真、枕形失真、晕影和色差等。使用【镜头校正】命令修复失真照片的具体操作步骤如下。

1 打开素材文件

打开随书光盘中的 "素材\ch16\婚纱照.jpg" 文件。

2 打开【镜头校正】对话框

在 Photoshop CS6 窗口中选择【文件】▶【自动】▶【镜头校正】菜单命令，打开【镜头校正】对话框，单击【使用】下拉按钮，从弹出的下拉列表中选择【文件】选项。

3 选择婚纱照

单击【浏览】按钮，打开【打开】对话框，在素材文件夹中选择婚纱照。

4 完成图片添加

单击【确定】按钮，返回【镜头校正】对话框，在其中可以看到添加的图片。

5 设置目标文件夹

单击【目标文件夹】选项区域中的【选择】按钮，打开【选择文件夹】对话框，在其中选择镜头校正之后图片保存的位置后单击【确定】按钮返回【镜头校正】对话框，在其中可以看到设置好的目标文件夹。

6 完成修正

单击【确定】按钮，即可将失真的照片修正完毕。

16.2.7 条件模式更改

使用Photoshop CS6的【条件模式更改】功能，可以批量自动化更改符合条件的原模式为目标模式。例如将所有打开的文件源模式为RGB的图像转换为目标模式CMYK，具体操作步骤如下。

1 打开素材文件

打开随书光盘中的"素材\ch16\婚纱照2.psd"和"金发美女.jpg"文件。

2 更改条件模式

选择【文件】▶【自动】▶【条件模式更改】菜单命令，弹出【条件模式更改】对话框，在【源模式】选项区域中单击选中【RGB颜色】复选框，在【目标模式】列表中选中"灰度"，单击【确定】按钮。

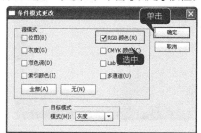

3 扔掉颜色信息

弹出【信息】对话框，提示用户是否扔掉颜色信息，单击【扔掉】按钮。

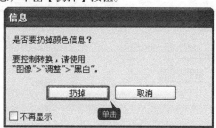

4 查看效果

返回主界面，即可看到RGB模式的图像已经转换为灰度模式，而索引模式的图像没有变化。

16.2.8 限制图像

使用【限制图像】功能可以将当前图像限制为设定的高度和宽度。但是为了兼顾不更改图像长宽比的原则，在执行【限制图像】命令时，并不会完全按照用户设置的图像宽度和高度来改变图像尺寸，执行此命令会改变图像的尺寸大小和像素数目，但不会改变图像的分辨率。

1 打开素材文件	**2** 查看更改后的效果
打开随书光盘中的"素材\ch16\可爱女生.jpg"文件，选择【文件】▶【自动】▶【限制图像】菜单命令，弹出【限制图像】对话框，输入图像的宽度和高度，单击【确定】按钮。	选择【图像】▶【图像大小】菜单命令，弹出【图像大小】对话框，查看当前图片的宽度和高度，已调整为最接近限定值的大小。

16.3 实例3——自动校正数码照片

本节视频教学时间：4分钟

本实例介绍如何把一个文件夹中的所有数码照片进行统一的校正处理，具体操作步骤如下。

1 打开素材文件	**2** 新建组
打开随书光盘中的"素材\ch16\含苞待放.jpg"文件。	打开【动作】面板，单击【新建组】按钮，打开【新建组】对话框，在【名称】文本框中输入"对数码照片自动处理"。

3 新建动作	**4** 开始记录
选中【对数码照片自动处理】动作组，单击【创建新动作】按钮，打开【新建动作】对话框，在【名称】文本框中输入"自动校正数码照片"。	单击【记录】按钮，即可开始记录动作。

5 完成录制

分别对图片进行【自动色调】、【自动对比度】、【色相饱和度】和【色彩平衡】等处理，然后单击【动作】面板中【停止播放/记录】按钮，动作录制完成。

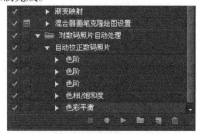

6 查看图片效果

此时，图片处理效果如下。

7 选择【自动校正数码照片】选项

选择【文件】▶【自动】▶【批处理】菜单命令，打开【批处理】对话框，在其中单击【组】下拉按钮，从弹出的下拉列表中选择【对数码照片自动处理】选项，在【动作】下拉列表中选择【自动校正数码照片】选项。

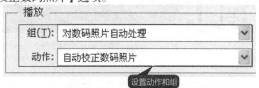

8 完成自动校正

分别选择要处理的文件夹的位置与存放处理结果的文件夹的位置，单击【确定】按钮即可快速完成对数码照片的自动校正。

工作经验小贴士

自动处理适用于批处理有着一致的颜色失调、对比度不明显等不足的照片，使用自动处理功能能够快速实现照片的校正。

举一反三

本章学习了使用 Photoshop 命令与动作自动处理图像的方法。结合本章所学知识，可以制作快捷批处理文件，以实现文字的立体效果批处理和利用笔刷绘制复杂图案效果等操作。

高手私房菜

技巧：动作不能保存怎么办

用户在保存动作时，经常遇到的问题是不能保存动作，此时【存储动作】菜单命令会呈灰度状态，不能选择。出现此问题的原因是用户选择错误，因为用户选择的是动作而不是动作组，所以不能保存。选择动作所在的动作组后，即可正常保存。

第17章

让你的 Photoshop 更强大

 本章视频教学时间：17 分钟

除了使用Photoshop自带的滤镜、笔刷、纹理外，还可以使用其他外挂元素来实现更多、更精彩的效果。

【学习目标】

本章主要讲述外挂滤镜、笔刷和纹理的使用方法。

【本章涉及知识点】

使用外挂滤镜

使用笔刷

使用纹理

使用动作

17.1 实例1——使用外挂滤镜

本节视频教学时间：7分钟

Photoshop的外挂滤镜是由第三方软件销售公司创建的程序，工作在Photoshop内部环境中的外挂主要有5个方面的作用，分别为优化印刷图像、优化Web图像、提高工作效率、提供创意滤镜和创建三维效果。有了外挂滤镜，用户可以通过简单操作来实现惊人的效果。

外挂滤镜的安装方法很简单，用户只需要将下载的滤镜压缩文件解压，然后放在Photoshop CS6安装程序的"Plug-ins"文件夹下即可。

1. Eye Candy滤镜

Eye Candy是AlienSkin公司出品的一组极为强大的经典photoshop外挂滤镜，Eye Candy功能千变万化，拥有极为丰富的特效，包括反相、铬合金、闪耀、发光、阴影、HSB噪点、滴水、水迹、挖剪、玻璃效果、斜面、烟幕、漩涡效果、毛发、木材、编织、星形、斜视、大理石、摇动、运动痕迹、溶化及火焰等多种特效滤镜。

将Eye Candy滤镜的文件夹解压到Photoshop CS6安装目录下的【Plug-ins】文件夹中，然后启动软件，选择【滤镜】▶【Eye Candy】菜单命令，在弹出的级联菜单中即可看到包含的外挂滤镜。

下面以添加Eye Candy滤镜为例进行讲解，具体操作步骤如下。

(1) 添加编织效果。

1 打开素材	**2** 查看效果
在Photoshop CS6中打开随书光盘中的"素材\ch17\鲜花朵朵.jpg"素材图片。 	选择【滤镜】▶【汉EyeCandy4.0】▶【编织效果】菜单命令，在弹出的【编织效果】对话框中进行相应选项的设置后单击【确定】按钮，即可为图像添加【编织效果】滤镜。 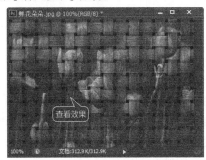

(2) 添加水珠效果。

1 打开素材	**2** 查看效果
打开随书光盘中的"素材\ch17\登山勇士.jpg"素材图片。 	在【图层】面板中双击【背景】图层进行解锁。选择【滤镜】▶【Eye Candy】▶【水珠效果】菜单命令，在弹出的【水珠效果】对话框中进行设置后单击【确定】按钮，即可为图像添加水珠效果。 

2. KPT滤镜

　　KPT滤镜是由MetaCreations公司创建的最精彩的滤镜系列，其中KPT7.0包含了9种滤镜，分别是KPT Channel Surfing、KPT Fluid、KPT FraxFlame II、KPT Gradient Lab、KPT Hyper Tiling、KPT Ink Dropper、KPT Lightning、KPT Pyramid Paint、KPT Scatter。

　　将KPT7.0滤镜的文件夹解压到Photoshop CS6安装程序的【Plug-ins】文件夹下后启动软件，选择【滤镜】▶【KPT effects】菜单命令，在弹出的级联菜单中即可看到包含的外挂滤镜。

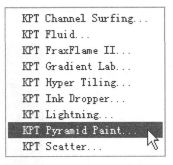

（1）【Channel Surfing】：这一滤镜允许用户单独对图像中的各个通道进行效果处理，比如模糊或锐化所选中的通道，也可以调整色彩的对比度、色彩数、透明度等各项属性。

（2）【Fluid】：Fluid滤镜可以在图像中加入模拟液体流动的效果，如扭曲变形效果等。可以形成如带水的刷子刷过物体表面时产生的痕迹，同时可以设置刷子的尺寸、厚度以及刷过物体时的速率，使得产生的效果更加逼真。

（3）【FraxFlame】：该滤镜能捕捉并修改图像中不规则的几何形状，能改变选中的几何形状的颜色、对比度、扭曲等效果。

（4）【Gradient Lab】：使用此滤镜可以创建不同形状、不同水平高度、不同透明度的复杂的色彩组合并运用在图像中，也可以自定义各种形状、颜色的样式，可以存储起来，方便以后必要时调用。

（5）【Hyper Tiling】：为了减小图像文件的体积，该滤镜可以借鉴类似于瓷砖贴墙的原理，将相似或相同的图像元素做成一个可供反复调用的对象。

（6）【Ink Dropper】：利用该滤镜可以产生流动的、静止的、漩涡状的甚至是污点状效果，用户可以控制不同的大小和下滴速度。

（7）【Lingtning】：此滤镜主要用于添加自然闪电的效果。

（8）【Pyramid Paint】：此滤镜可以将影像转换成类似于油画的效果，在滤镜中可以对图像的色调、饱和度、亮度等参数进行调整，使生成的效果更具艺术特质。

（9）【Scatter】：此滤镜的主要作用就是在图像中建立各种微粒运动的效果，用户可以通过该滤镜控制粒子的大小、位置、颜色、阴影等诸多细节。

下面以添加Fluid效果为例进行讲解，具体操作步骤如下。

---

1 打开素材

打开随书光盘中的"素材\ch17\红花.jpg"文件。

2 单击【选项】按钮

选择【滤镜】➤【KPT effects】➤【KTP Fluid】菜单命令，弹出【KTP Fluid】对话框，单击左下角的【选项】按钮●。

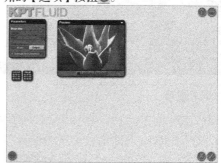

---

3 单击【应用】按钮

在弹出对话框中选择具体的类型，然后单击【应用】按钮●。

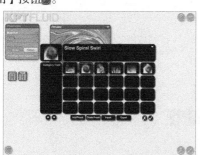

4 查看效果

返回【KTP Fluid】对话框，如果效果满意，可以单击窗口右下角的【应用】按钮●，效果如下图所示。

17.2 实例2——使用笔刷

本节视频教学时间：5分钟

笔刷是图像编辑软件Photoshop中的重要工具之一，它是一些预设的图案，可以以画笔的形式直接使用。

除了系统自带的笔刷类型外，用户还可以下载一些喜欢的笔刷，然后将其进行安装。在Photoshop中，笔刷扩展名统一为".abr"。安装笔刷的方法很简单，用户只需要将下载的笔刷压缩文件解压后放到Photoshop安装目录的相应文件夹下即可，一般路径为"…\Presets(预设)\Brushes（画笔）"。

笔刷安装完成后，用户即可使用其绘制复杂的图案，具体操作步骤如下。

1 选择【新建】菜单命令	**2 设置合适的笔触大小**
启动Photoshop CS6软件，选择【文件】▶【新建】菜单命令，弹出【新建】对话框，在【名称】文本框中输入"笔刷图案"，将【宽度】和【高度】分别设为"800像素"和"600像素"，单击【确定】按钮。	在工具箱中单击【画笔工具】按钮，然后在属性栏中单击【画笔预设】按钮，在弹出的面板中设置合适的笔触大小，在笔触样式中选择新添加的笔刷。
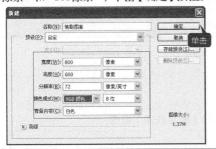	
3 绘制图案	**4 继续绘制图案**
在绘图区域单击鼠标即可绘制图案。	重新设置笔触的大小为"400像素"，在绘图区域单击，即可利用笔刷绘制复杂的图案效果。

17.3 实例3——使用纹理

本节视频教学时间：3分钟

在Photoshop中使用【纹理】可以赋予图像一种深度或物质的外观，或添加一种有机外观。

在Photoshop 中，纹理文件扩展名统一为".pat"。安装纹理的方法和安装笔刷的方法类似，用户只需要将下载的纹理压缩文件解压后放到Photoshop安装程序的相应文件夹下即可，一般路径为"…\Presets(预设)\Patterns（纹理）"。

纹理安装完成后，用户即可使用其实现拼贴效果，具体操作步骤如下。

1 打开素材

在Photoshop CS6中打开随书光盘中的"素材\ch17\跳动的音符.jpg"素材图片。

2 弹出【新建图层】对话框

在【图层】面板中双击【背景】图层，弹出【新建图层】对话框。

3 解锁【背景】图层

单击【确定】按钮，将【背景】图层解锁。

4 选择【混合选项】命令

选择【图层 0】图层并右击，在弹出的快捷菜单中选择【混合选项】命令。

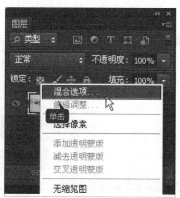

5	选择新安装的纹理

弹出【图层样式】对话框，单击选中【纹理】复选框，然后单击【图案】右侧的下拉按钮，在弹出的下拉列表中选择新安装的纹理，单击【确定】按钮。

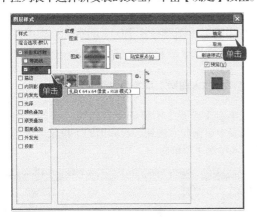

6	查看效果

此时，图像被添加了拼贴的纹理效果。

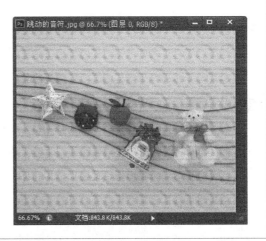

17.4 实例4——使用动作

本节视频教学时间：2 分钟

除了系统自带的预设动作外，用户还可以下载一些其他动作并将其安装。在Photoshop 中，动作扩展名统一为 ".atn"。安装动作的方法很简单，用户只需要将下载的动作压缩文件解压后放到Photoshop安装目录的相应文件夹下即可，一般路径为 "…\Presets(预设)\ Actions（动作）"。

动作安装完成后，用户就可以为图像添加下载的动作效果，具体操作步骤如下。

1	打开素材

在Photoshop CS6中打开随书光盘中的"素材\ch17\古装婚纱照.jpg"素材图片。

2	在【动作】面板中选择要添加的动作

选择【窗口】▶【动作】菜单命令，打开【动作】面板，选择添加的动作，播放完毕的效果如下图所示。

高手私房菜

技巧：安装纹理后不能使用怎么办

如果用户将下载的纹理解压到安装程序相应的文件夹中后，【图层样式】的【图案】列表中并没有显示，此时用户可以通过手动载入的方法安装纹理，具体操作步骤如下。

1 选中【纹理】复选框

在编辑图像时选择相应的图层，单击鼠标右键并在弹出的快捷菜单中选择【混合模式】命令，弹出【图层样式】对话框，单击选中【纹理】复选框。

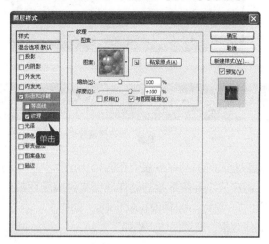

2 选择【载入图案】菜单命令

单击【图案】右侧的下拉按钮，在弹出的下拉列表中单击向右按钮，在弹出的下拉菜单中选择【载入图案】菜单命令。

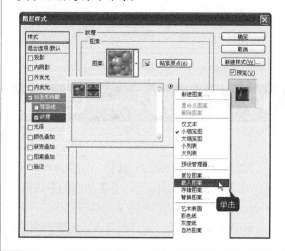

3 单击【载入】按钮

弹出【载入】对话框，选择新下载的纹理文件，单击【载入】按钮。

4 查看效果

返回【图层样式】对话框，即可看到已成功安装了下载的纹理图案。

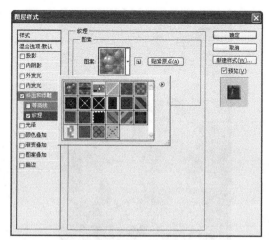